功能配位化合物
及其应用探析

GONGNENG PEIWEI HUAHEWU

JIQI YINGYONGTANXI

高竹青 著

功能配位化合物
及其应用探析

GONGNENG PEIWEI HUAHEWU

JIQI YINGYONGTANXI

高竹青 著

内 容 提 要

本书较为系统地分析讨论了功能配位化合物及其应用。全书共分6章,主要内容包括绪论、配合物的合成方法、金属有机配合物及其应用、高性能配合物及其应用、生命中的配合物及其应用、超分子配合物及其应用等。全书逻辑合理、由浅入深,有着较强的实用价值。

图书在版编目（ＣＩＰ）数据

功能配位化合物及其应用探析 / 高竹青著. — 北京:
中国水利水电出版社,2014.10（2022.9重印）
ISBN 978-7-5170-2580-1

Ⅰ．①功… Ⅱ．①高… Ⅲ．①配位－化合物 Ⅳ.
①O742

中国版本图书馆CIP数据核字(2014)第228494号

策划编辑:杨庆川　责任编辑:陈　洁　封面设计:崔　蕾

书　　名	功能配位化合物及其应用探析
作　　者	高竹青　著
出版发行	中国水利水电出版社
	（北京市海淀区玉渊潭南路1号D座 100038）
	网址:www.waterpub.com.cn
	E-mail:mchannel@263.net（万水）
	sales@mwr.gov.cn
	电话:(010)68545888(营销中心)、82562819（万水）
经　　售	北京科水图书销售有限公司
	电话:(010)63202643、68545874
	全国各地新华书店和相关出版物销售网点
排　　版	北京鑫海胜蓝数码科技有限公司
印　　刷	天津光之彩印刷有限公司
规　　格	170mm×240mm　16开本　14.75印张　191千字
版　　次	2015年6月第1版　2022年9月第2次印刷
印　　数	3001-4001册
定　　价	45.00元

前　言

　　配位化学又称络合物化学，是无机化学的一个重要分支。Werner 创建配位化学一百多年以来，配位化学迅猛发展。21 世纪的配位化学已远远超出无机化学的范围，特别是超分子化学的问世，超越了经典配位化学的成键模式，是对传统合成方法的变革。配位化学的研究处在现代化学的中心地位，是一门充满活力的新型交叉边缘学科。

　　功能配位化合物的研究处于化学、物理、生物、材料等多门学科的交汇点，涉及多方面的基础研究。同时，随着对功能配位化合物研究的不断深入，其功能与应用在不断扩展，新型功能配位化合物不断被合成，新原理、新方法、新技术层出不穷，使得功能配位化合物在当今社会扮演着日趋重要的角色。为此，作者特撰写了本书。

　　在内容上，本书共分 6 章，第 1 章是绪论，概括介绍配位化学的发展历程，整体分析配位化合物的基本概念以及配位化合物中的化学键理论；第 2 章探析配合物的合成方法，立足于配位化合物的合成理论，主要就当今主流的水（溶剂）热合成法，分层、扩散合成法，电化学合成法，微波合成法以及固相反应法展开讨论；第 3 章是金属有机配合物及其应用，讨论了金属和碳键生成的配合物及其应用，主要包括金属羰基配合物、金属原子簇合物、茂金属配合物、金属烷基配合物和富勒烯配合物的相关理论和应用；第 4 章是高性能配合物及其应用，主要就磁性配合物、光学配合物和配位聚合的相关理论和应用展开探讨；第 5 章是生命中的配合物及其应用，主要就生物体中的金属离子与配体、金属酶和金属蛋白展开理论分析，并且以金属药物为例，讨论了配合物在医疗卫生领域的应用；第 6 章是超分子配合物及其应用，在详细讨论超分子配合物的基本概念、功能与合成方法的同时，分析了超分子配合物的重要应用——超分子器件。

总之，全书深入浅出，逻辑性强；坚持以理论与实践相结合，在整体呈现功能配位化合物相关理论的同时，对功能配位化合物在各领域的应用进行了探析，突出应用性；尽量反映当代配位化学发展的前沿，突出前瞻性。

本书在撰写过程中，参考了大量有价值的文献与资料，吸取了许多人的宝贵经验，在此向这些文献的作者表示敬意。由于功能配位化合物正处于高速发展的阶段，理论与技术日新月异，加之作者水平有限，书中难免出现疏漏和不足之处，恳请各位同行和广大读者批评指正。

作　者

2014 年 5 月

目 录

第1章　绪论

配位化学是无机化学的一个重要分支学科,其英文全称为 coordination chemistry。配位化合物是无机化学研究的主要对象之一,英文全称为 coordination compounds,有时称络合物。配位化学的研究虽有近 200 年的历史,但仅在近几十年来,由于现代分离技术、配位催化及化学模拟生物固氮等方面的应用,极大地推动了配位化学的发展。它已渗透到有机化学、分析化学、物理化学、高分子化学、催化化学、生物化学等领域,而且与材料科学、生命科学以及医学等学科的关系越来越密切。目前,配位化合物广泛应用于工业、农业、医药、国防和航天等领域。

1.1　配位化学发展简史

历史上记载的第一个配合物是普鲁士蓝,1704 年由柏林的普鲁士人迪斯巴赫制得。它是一种无机颜料,其化学组成为 $Fe_4[Fe(CN)_6]_3 \cdot nH_2O$。但是对配位化学的了解和研究的开始一般认为是 1798 年法国化学家塔萨尔特报道的化合物 $CoCl_3 \cdot 6NH_3$,随后,塔萨尔特又发现了 $CoCl_3 \cdot 5NH_3$、$CoCl_3 \cdot 5NH_3 \cdot H_2O$、$CoCl_3 \cdot 4NH_3$ 以及铬、铁、钴、镍、铂等元素的其他许多配合物。这些化合物的形成,在当时难以理解。因为根据经典的化合价理论,对两个独立存在而且都稳定的分子化合物 $CoCl_3$ 和 NH_3 为什么可以按一定的比例相互结合生成更为稳定的"复杂化合物"无法解释,于是科学家们先后提出多种理论,但因这些假设均不能圆满地说明实验事实而失败。

1893 年,年仅 27 岁的瑞士科学家维尔纳发表了一篇研究分子加合物的论文"关于无机化合物的结构问题",改变了此前人们一直从平面角度认识配合物结构的思路,首次从立体角度系统地分析了配合物的结构,提出了配位学说,常称维尔纳配位理论,其基本要点如下:

①大多数元素表现有两种形式的价,即主价和副价。

②每一元素倾向于既要满足它的主价又要满足它的副价。

③副价具有方向性,指向空间的确定位置。

维尔纳认为直接与金属连接的配体处于配合物的内界,结合牢固,不易离解;不作为配体的离子或分子远离金属离子,与金属结合能力弱,处于配合物的外界。在上述钴氨盐配合物中,每个中心原子配位的分子和离子数的和总是 6,这个 6 即为中心原子的副价,而原来 $CoCl_3$ 中每个钴与 3 个氯离子形成稳定的化合物,其中的 3 即为钴的主价。可见,维尔纳提出的主价就是形成复杂化合物之前简单化合物中原子的价态,相当于现在的氧化态;而副价则是形成配合物时与中心原子有配位作用的分子和离子的数目,即现在的配位数。

维尔纳的配位理论有如下两个重要贡献:

①提出副价的概念,补充了当时不完善的化合价理论。

②提出空间概念,创造性地把有机化学中立体学说理论扩展到无机化学领域的配合物中,认为配合物不是简单的平面结构,而是有确定的空间(立体)几何构型,从而奠定了配合物的立体化学基础。

这些概念成为现代配位化学发展的基础,但是配位理论中的主价和副价的概念后来被抛弃,而另外提出了配位数的概念。

由于维尔纳理论成功地解释了配位化合物的结构,他于 1913 年获得诺贝尔化学奖。维尔纳还发表了许多篇论文,合成了一系列相关配位化合物,并进行了实验研究,验证和完善了其观点,在 1905 年出版的《无机化学新概念》一书中较为系统地阐述了配位学说。因此化学界公认他是近代配位化学的奠基人[1]。

19 世纪末 20 世纪初,随着电子的发现,人们逐步认识了原子结构,量子理论和价键理论等相继问世,这些理论为理解配合物的形成和配位键的本质奠定了基础。鲍林将分子结构中的价键理论应用到配合物中，形成了配位化学中的价键理论；1929 年汉斯·贝特和约翰·凡扶累克提出晶体场理论，该理论简称 CFT，为纯粹的静电理论，到 20 世纪 50 年代 CFT 经过改进发展成为配位场理论，配位场理论简称 LFT；1935 年范佛雷克把分子轨道理论应用到配位化合物中。这些化学键理论的出现和确立，不仅使人们对配合物的形成和配位键的本质有了更清楚的了解，而且能够预测和解释配合物的结构、光谱和磁学性质等。随着物理化学方法和技术的快速发展，配位化学自 20 世纪 50 年代起有了突飞猛进的发展，与其他学科的交叉和渗透也日趋明显。

进入 21 世纪，配位化学又有了新的发展和飞跃。配位化学与生命科学、材料科学的结合、交叉和渗透日趋深入，在不久的将来必将产生新的突破。纳米科学和技术的深入研究也给配位化学带来新的发展机遇，其中金属配合物在分子器件等方面具有广阔的发展前景，将是今后配位化学研究的一个重要分支。配位化学的研究热点有：金属有机化合物、原子簇化合物、功能配合物、模拟酶配合物等。其中功能配合物包括磁性配合物、非线性光学材料配合物、特殊功能的配位聚合物等。

1.2 配位化合物

1.2.1 配合物的定义及组成

1. 配合物的定义

与经典的配位化学相比，现代配位化学无论是在广度还是深度上都发生了较大的变化，可以定义为：配位化学是研究金属原子或离子同其他分子或离子（配位体）形成的配合物（包括分子、生物大分子和超分子）及其凝聚态的组成、结构、性质、化学反应及其规律和应用的化学。其中，配位化合物的（组成）定义为：金属原子或离子同其他分子或离子(配位体)形成的化合物(包括分子、生物大分子和超分子)。可以说配位化学是研究广义配体与广义中心原子结合的"配位分子片"由分子片组成的单核、多核配合物、簇合物、功能复合配合物及其组装器件、超分子、Lock and Key 复合物,一维、二维、三维配位空腔及其组装器件等的合成和反应,制备、剪裁和组装,分离和分析,结构和构象,粒度和形貌,物理和化学性能,各种功能性质,生理和生物活性及其输运和调控作用的机制,以及上述各方面的规律,相互关系和应用的化学。

随着配位化学的迅速发展,配合物的数目在不断增多,范围在不断扩大,致使早先一些关于配合物的定义或因含义不妥,或因范围太窄而变得不太适用。虽然目前要对配合物这一重要概念作出一个完美无缺的定义仍然困难,但是根据配合物的特征给出一个比较清楚、确切的定义还是可能的。徐光宪先生在《物质结构》一书中关于配合物内界(配合单元)的定义为:"凡是由含有孤对电子或 π 键组成的分子或离子(称为配体)与具有空的价电子轨道的原子或离子(统称中心原子)按一定的组成和空间构型结合成的结构单元"在一些著名文献中将配合物的内界的定义为"中心离子与配位体构成了配合物的内配位层(或称内界),通常把它们放在方括弧内。内界中配位体的总数(单基的)叫配位数……"。另外,国际纯粹及应用化学联合会在无机化合物命名法中的广义定义为:凡是由原子 B 或原子团 C 与原子 A 结合形成的,在某一条件下有确定组成和区别于原来组分(A、B 或 C)的物理和化学特性的物种均可称为配合物。1980 年,中国化学会公布的《无机化学命名原则》中的狭义定义为:具有接受电子的空位原子或离子(中心体)与可以给出孤对电子或多个不定域电子的一定数目的离子或分子(配体)按一定的组成和空间构型所形成的物种称为配位个体,含有配位个体的化合物称为配合物。

由以上定义的比较,我们可以看出,一般说来配合物的特征主要有以下三点:

①中心原子(或离子)有空的价电子轨道。

②配位体(简称配体,它们可以是分子或离子)含有孤对电子或 π 键电子。

③中心原子(或离子)与配体相结合形成具有一定组成和空间构型的结构单元,称为配合物的内界。

配合物的内界具有双层意义:

①配合物内界由中心金属及与之成键的配体两部分组成。

②考察配合物的内界,不但要考虑中心离子与配体的组成和成键方式,还要考虑整个内界的空间构型。

按照配位化学的结构理论,"相似的内界"可理解为不同配合单元的中心金属及其所带电荷数是相同的,而且中心金属具有相同的配位数、配位环境(配位原子相同、空间构型基本相同)。

2. 配合物的组成

配合物的组成一般分内界和外界两部分。由中心离子和配位体结合而成的一个相对稳定的整体组成配合物的内界,常用方括号括起来,不在内界的其他离子构成外界,如图 1-1 所示。

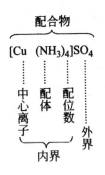

图 1-1　配合物的组成

内界也称配离子,是配合物的特征部分,内界组分很稳定,几乎不解离。例如 $[Co(NH_3)_6]Cl_3$ 配合物在水溶液中,外界 Cl^- 可解离出来,内界组分 $[Co(NH_3)_6]^{3+}$ 是稳定的整体。由于配合物是电中性的,因此内界与外界离子所带电荷数量相同,符号相反。有些配合物的内界不带电荷,本身就是一个中性化合物,如

$Ni(CO)_4$、$[PtCl_2(NH_3)_2]$、$[CoCl_3(NH_3)_3]$等没有外界。

现在我们来分析配合物（特别是内界）的组成，并讨论有关配合物的概念。

（1）中心离子（或原子）

中心离子（或原子），也叫配合物的形成体。在配合物中，能接受配位体孤电子对的离子或原子统称为形成体。形成体必须具有空轨道，以接受配位体给予的孤电子对。作为配合物的核心部分，形成体一般多为带正电的阳离子，或是金属原子以及高氧化值的非金属元素。

例如，$[Cu(NH_3)_4]^{2+}$中的Cu^{2+}，$[Ag(NH_3)_2]^+$中的Ag^+，$[SiF_6]^{2-}$中的Si^{4+}，$K[PtCl_6]$中的Pt^{2+}，$Fe(CO)_5$中的Fe原子。

（2）配位体

在配合物中，提供孤电子对的离子或分子称为配位体，简称配体。

例如OH^-、X^-（卤离子）等离子以及H_2O、NH_3、$H_2NCH_2CH_2NH_2$、CO、N_2等分子。

配位体中与中心离子（或原子）直接相连的原子称为配位原子，配位原子必须是含有孤电子对的原子。常见的配位原子主要是周期表中电负性较大的非金属原子。

例如X（卤素）、N、O、S、C、P等原子。

按配体中配位原子数目的多少，将配体分为单齿配体和多齿配体。含有一个配位原子的配体称为单齿配体。

例如，NH_3、H_2O、OH^-、Cl^-，其配位原子分别为N、O、O、Cl。

含有两个及两个以上配位原子的配体称为多齿配体。

例如，乙二胺（en）、乙二胺四乙酸（EDTA），分别为二齿和六齿配体，乙二胺（en）的结构为：

$$H_2N(CH_2)_2NH_3$$

乙二胺（en）

乙二胺四乙酸（EDTA）的结构为：

$$HOOCH_2C \diagdown N-CH_2-CH_2-N \diagup CH_2COOH$$
$$HOOCH_2C \diagup \qquad \diagdown CH_2COOH$$

乙二胺四乙酸(EDTA)

(3)配位数

配合物中与中心原子直接成键的配位原子的数目称为该中心原子的配位数。配位数是中心原子的重要性质之一。一般说来,中心原子只要有合适的空轨道以接受来自配体的电子,就倾向于达到尽可能高的配位数。一种中心原子可能有几种配位数,至于某一中心原子形成某种配合物时的倾向大小,主要取决于中心原子和配体的性质。

同一中心原子与不同配位体,或与不同浓度的同一配位体都可能表现出不同的配位数。

例如,$[Cu(NH_3)_4]^{2+}$、$[Cu(H_2O)_6]^{2+}$、$[CoCl_4]^{2-}$、$[Co(NH_3)_6]^{2+}$,$[Fe(NCS)_3]$、$[Fe(NCS)_4]^-$、$[Fe(NCS)_5]^{2-}$、$[Fe(NCS)_6]^{3-}$ 等。

同一中心原子的不同氧化态会表现出不同的配位数。

例如,$[PtCl_4]^{2-}$、$[PtCl_6]^{2-}$ 等。

在这里,需要引起注意的是,只有那些结构完全明确的配合物才可指出中心原子的配位数,绝不能仅仅根据配合物的化学式来确定配位数。对于多核链状配合物更应多加注意。另外,还应注意配位数与配体总数之间的区别。

上述配位数的定义,实际上仅适合于经典配合物,对于有机金属化合物则不适合。

例如,$[PtCl_3(C_2H_4)]^-$ 的结构如为

$$Cl-Pt \diagdown^{Cl}_{Cl} | \diagup^{CH_2}_{CH_2}$$

其中 Pt(IV)配位数为 4 还是 5?又如,$Fe(C_5H_5)_2$ 配位数为 10 吗?

很多人对上述情况进行了研究分析,提出了一些有意义的原

理,但是在这方面的研究还不是十分完善。

(4)配离子的电荷

配离子的电荷等于中心离子与配体总电荷的代数和。

例如,$[Co(NH_3)_4]^{2+}$、$[Cu(NH_3)_4]^{2+}$ 中,由于配体是中性分子,所以配离子的电荷都是 +2。在 $K_2[HgI_4]$ 中,配离子 $[HgI_4]^x$ 的电荷 x 为

$$2 \times 1 + (-1) \times 4 = -2。$$

在 $[CoCl(NH_3)_5]Cl_2$ 中,配离子 $[CoCl(NH_3)_5]^x$ 的电荷 x 为

$$3 \times 1 + (-1) \times 1 + 0 \times 5 = +2。$$

因配合物呈电中性,配离子的电荷也可以较简便地由外界离子的电荷来确定。例如 $K_4[PtCl_6]$ 的外界为 K^+,由此可知配离子电荷为 -4。

1.2.2 配合物的分类与命名

1. 配合物的分类

配合物的种类很广,主要可以分为以下几类:

(1)简单配合物

简单配合物是指由单齿的分子或离子配体与中心离子作用而形成的配合物。这类配合物的配体可以是 1 种,也可以是 2 种或多种,主要为无机物。

例如,$Fe_4[Fe(CN)_6]_3 \cdot nH_2O$、$[Co(NH_3)_6]Cl_3$、$[Co(NH_3)_4Cl_2]NO_2$ 等。

(2)螯合物

螯合物又称内配合物,它是由双齿或多齿配体以两个或多个配位原子同时和一个中心离子配位而形成的具有环状结构的配合物。其中配体好像螃蟹的蟹钳一样钳牢中心离子,故而形象地称为螯合物。能与中心离子形成螯合物的配体称为螯合剂。

例如,在 $[Cu(en)_2]^{2+}$ 中,有两个五元环,每个环均由两 C 原

子、两个 N 原子和中心离子构成,即

$$\left[\begin{array}{cc} H_2C-H_2N & NH_2-CH_2 \\ & Cu \\ H_2C-H_2N & NH_2-CH_2 \end{array}\right]^{2+}$$

　　螯合物由于形成环状结构而具有特殊的稳定性。螯合物的稳定性与环的大小及环的多少有关,以五元环和六元环最稳定。形成环数越多,螯合物越稳定。由于螯合物结构复杂,且多具有特殊颜色,常用于金属离子的鉴定、溶剂萃取、比色定量分析等。

　　(3)单核配合物

　　单核配合物是在配位个体中只含有 1 个中心原子的配合物。例如,$[Pt(NH_3)_2Cl_2]$、$[Cu(NH_3)_4]^{2+}$ 等。

　　(4)多核配合物

　　多核配合物是在配位个体中含有通过桥基连接的 2 个或 2 个以上中心原子的配合物。

　　例如,$[Pt(CO)_6]$、μ-草酸根·二[二水·乙二胺合镍(Ⅱ)]离子。$[Pt(CO)_6]$ 的结构如下为

$$\begin{array}{c} CO \\ C-Pt-O \\ O \quad C \\ Pt-Pt \\ CO \quad C \quad CO \end{array}$$

$[Pt(CO)_6]$

μ-草酸根·二[二水·乙二胺合镍(Ⅱ)]离子的结构为

$$\left[\begin{array}{c} OH_2 \qquad OH_2 \\ N \qquad O \qquad O \qquad N \\ Ni \qquad\qquad Ni \\ N \qquad O \qquad O \qquad N \\ OH_2 \qquad OH_2 \end{array}\right]^{2+}$$

像 Cl^-、NH_2、$-OH$ 等能同时与 2 个或 2 个以上中心原子配位的原子或原子团称为桥基，以 μ 表示。桥基必须具有 2 对以上的孤对电子才能具有桥联作用。

（5）原子簇化合物

原子簇化合物简称簇合物。原子簇最早是指含有金属—金属键的多核配合物，亦称金属簇合物。后来簇合物的概念逐渐被一般化，是指簇原子以金属-金属键组成的多面体网络结构，如图 1-2 所示。M—M 电子离域于整个簇骼，是存在于金属原子间的多中心键。

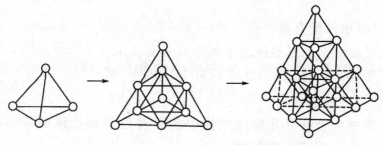

图 1-2   原子簇化合物的多面体网络结构图

金属原子簇的键合方式非常多，使得簇合物分子结构多种多样，常见的有四面体、八面体、立方烷结构、四方锥结构等。

例如，杂原子簇合物 $[M_2Ni_3(CO)_{13}(\mu\text{-}CO)_3]^{2-}$ 中金属原子的三角双锥结构，$[Rh_6(CO)_6(\mu\text{-}CO)_9C]^{2-}$ 中铑的三棱柱结构。另外，同种簇合物可以由简单低核长大变成复杂高核，例如羰基锇簇合物。

（6）有机金属化合物

在有机配位体配合物中，含有金属-碳键的被称为有机金属化合物。研究较多的有 CO 做配体的羰基金属化合物，σ-烷基金属化合物，σ-烯、炔基金属配合物，σ-酰基金属配合物，金属卡宾、金属卡拜化合物，π 配烯烃，π 配炔烃和环配位体金属化合物，以及由这些配体混合交叉配位生成的化合物等[2]。

（7）金属冠状配合物

过渡金属配合物可以相互连接成环状结构，形成一种与冠醚

结构相似的化合物,例如,

9-C-3
冠醚

9-MC$_{[V(CV)O]N(shi)-3}$
金属冠状配合物

这类化合物近年来发展非常迅速,是一种特殊的配合物。它是一类重要的无机分子识别试剂,在液晶和磁性材料方面具有很好的应用前景。

2. 配合物的命名

在配合物的命名中,必须掌握一些常见配体的化学式、代号和名称。

例如,F^-、Cl^-、Br^-、I^-、O^{2-}、N^{3-}、S^{2-}、OH^-、CN^-、H^-、NO^-、ONO^-、NH_2^-、SO^{2-}、$C_2O_4^-$、SCN^-、NCS^-、N_3^-、O_2^{2-}、N_2、O_2、NH_3、CO、NO、en、Ph_3P、Py 等。

几何异构的构型标记为 *cis*-(顺式-),*trans*-(反式-),*fac*-(面式)和 *mer*-(经式)。

(1)配合物命名的原则

配合物的命名遵循无机化合物命名的一般原则,在内外界之间先阴离子,后阳离子。若配位单元为配阳离子,阴离子为简单离子,则在内外界之间加"化"字;若配位单元为配阴离子,或配位单元为配阳离子而阴离子为复杂的酸根,则在内外界之间加"酸"字。

例如,

$[Co(NH_3)_6]Cl_3$　　　　三氯化六氨合钴(Ⅲ)

$[Cu(NH_3)_4]SO_4$　　　　硫酸四氨合铜(Ⅱ)

$Cu_2[SiF_6]$　　　　六氟合硅(Ⅳ)酸亚铜

(2)配体的位次

在配合物中,配体的命名次序按以下规定:

①在配合物中，如果既有无机配体又有有机配体，则无机配体排列在前，有机配体排列在后。

例如，

cis-$[PtCl_2(PPh_3)_2]$　顺-二氯·二(三苯基膦)合铂(Ⅱ)

②在无机配体和有机配体中，先列出阴离子的名称，后列出中性分子和阳离子的名称。

例如，

$K[PtCl_3(NH)_3]$　　　　三氯·氨合铂(Ⅱ)酸钾

$[Co(N_3)(NH_3)_5]SO_4$　　硫酸叠氮·五氨合钴(Ⅲ)

③同类配体的名称，按配位原子元素符号的英文字母顺序排列。

例如，

$[Co(NH_3)_5(H_2O)]Cl_3$　　氯化五氨·水合钴(Ⅲ)

④同类配体中，若配位原子相同，则将含较少原子数的配体排列在前，含较多原子数的配体排列在后。

例如，

$[Pt(NO_2)(NH_3)(NH_2OH)(py)]Cl$

氯化硝基·氨·羟胺·吡啶合铂(Ⅱ)

⑤若配位原子相同，配体中含原子的数目也相同，则按在结构中与配位原子相连的原子元素符号的英文字母顺序排列。

例如，

$[Pt(NH_2)(NO_2)(NH_3)_2]$　氨基·硝基·二氨合铂(Ⅱ)

⑥配体化学式相同，但配位原子不同，如-SCN、-NCS，则按配位原子元素符号的英文字母顺序排列。若配位原子尚不清楚，则以配位个体的化学式中所列的顺序为准。

⑦若没有外界离子的配合物，中心离子的氧化态不必标明。

例如，

$[Ni(CO)_4]$　　　　　四羰基合镍

$[Pt(NH_3)_2Cl_2]$　　　二氯·二氨合铂

⑧书写配合物的化学式时，为了避免混淆，有时需将某些配体放入括号内，注意理解其意义。

例如,双氮(N_2),双氧(O_2),表示中性分子;当 O_2 不加圆括号时,表 O_2^{2-}。

$K_2[Cr(CN)_2O_2(NH_3)(O_2)]$

二氰·过氧根·氨·双氧合铬(Ⅱ)酸钾

$[Co(en)_3]Cl_3$　三氯化三(乙二胺)合钴(Ⅲ)

⑨配位单元经常有异构现象,对不同的异构体将标记符号置于构造式名称前。例如:

$cis\text{-}[PtCl_2(Ph_3P)_2]$

顺式-二氯·二(三苯基膦)合铂(Ⅱ)

$tarts\text{-}[Pt(NH_3)_2Cl_2]$

反式-二氯·二氨合铂

$fac\text{-}[Ru(Py)_3Cl_3]$

面式-三氯·三吡啶合钌(Ⅲ)

$mer\text{-}[Ru(Py)_3Cl_3]$

经式-三氯·三吡啶合钌(Ⅲ)

⑩桥联配体只能出现在多核配位化合物中。所谓多核配位化合物,是指在配位单元中存在两个或两个以上中心原子。为了区别于单基配体,可在桥联配体前加词头“μ-”。

例如,下面双核配位化合物的命名:

$[(NH_3)_5Cr-OH-Cr(NH_3)_5]Cl_5$

五氯化 μ-羟基·二[五氨合铬(Ⅲ)]

$[(CO)_3Fe-(CO)_3-Fe(CO)_3]$

三(μ-羰基)·二[三羰基合铁]

如一桥基所连接的中心原子数目不止 2 个,则在 μ 的右下角用阿拉伯数字标明。

例如。

$[Cr_3O(CH_3COO)_6]Cl$

氯化 μ_3-氧·六[μ-乙酸根(O,O′)]合铬(Ⅲ)

⑪对于 π 电子配体,根据需要,可用词头“η”表示其特殊性。详细说就是,遵循配合物的命名规则。但在配体前用“η”

表示配体的齿合度,即一个配体分子与金属原子(离子)的结合位点数 n。

例如,

二(η^5-环戊二烯基)铁(II)

$$\text{HC} \overset{\displaystyle \text{CH}_2}{\underset{\displaystyle \text{CH}_2}{\big|}} \text{Pd} \overset{\text{Cl}}{\underset{\text{Cl}}{<>}} \text{Al} \overset{\text{Cl}}{\underset{\text{Cl}}{<}}$$

η^3-烯丙基钯(II)二-μ-氯二氯合铝(III)

若链上或环上所有原子都键合在中心原子上,则在配体名称前加词头 η-。

例如,

$[\text{Fe}(\text{C}_5\text{H}_5)_2]$ 二(η^5-环戊二烯)合铁(II)(简称二茂铁)

若配体链上或环上只有部分原子参与配位,则在 η 前列出参与配位原子的位标($1\sim n$);若着重指出配体只有 1 个原子与中心原子成键,则应将词头 σ-加在此配体前。

例如,

$$\text{HC} \overset{\displaystyle \text{CH}_2}{\underset{\displaystyle \text{HC}-\text{CH}_3}{\big|}} \text{Co(CO)}_3$$

三羰基·(1-3-η-2-丁烯基)合钴(I)

有些配合物有其习惯上的俗称,如 $\text{Fe}_4[\text{Fe}(\text{CN})_6]3 \cdot n\text{H}_2\text{O}$ 普鲁士蓝,$\text{K}_3[\text{Fe}(\text{CN})_6]$赤血盐或铁氰化钾,$\text{Ni(CO)}_4$ 羰基镍和 Fe(CO)_5 羰基铁等。配合物的种类繁多,命名比较复杂,以上所涉及的命名规则都是最基本的。

1.2.3　配合物的异构现象

1. 配合物的空间构型

配位化合物中的中心原子的配位数是与中心原子结合的配位原子的数目,这些配位原子在中心原子周围的分布是具有某种特定空间几何形状的,称之为中心原子的配位几何构型或简称配位构型。配位构型与配位数之间的关系列于表 1-1 中。由此可见,当配合物中有两种或两种以上不同的配体存在时,这些配体在中心原子周围就可能有两种或两种以上不同的排列方式。这种组成(化学式)相同但是结构和性质不同的化合物互称异构体。

表 1-1　配位数与空间几何构型

配位数	几何构型名称	几何构型性状	代表性配合物
2	直线形		$[Ag(NH_3)_2]_2SO_4$、$K[Au(CN)_2]$
3	平面三角形		$[Cu(SPMe_3)_3]ClO_4$
	T 形		单核配合物中比较少见
4	平面正方形		$[Cu(NH_3)_4]SO_4 \cdot H_2O$、$K_2[Ni(CN)_4] \cdot 4H_2O$
	四面体形		$[Zn(NH_3)_4]Cl_2$、$K_2[Co(NCS)_4] \cdot 4H_2O$
5	三角双锥形		$[CuI(bpy)_2]I(bpy=2,2'-$二联吡啶$)$
	四方锥形		$[VO(H_2O)_4]SO_4$、$K_2[SbF_5]$

续表

配位数	几何构型名称	几何构型性状	代表性配合物
6	八面体形	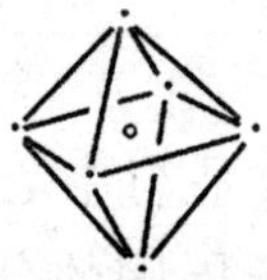	$[Fe(bpy)_3]Cl_2$（bpy＝2,2'-二联吡啶）
	三棱柱形	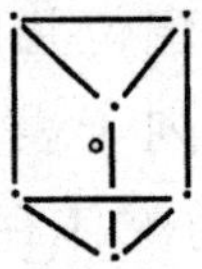	$[Re(S_2C_2Ph_2)_3]$
7	五角双锥形	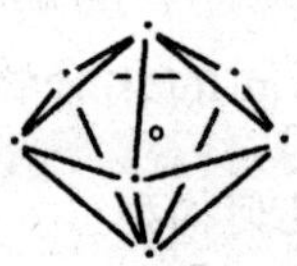	$K_3[UF_7]$、$Rb[Fe(EDTA)(H_2O)]\cdot H_2O$
8	十二面体形	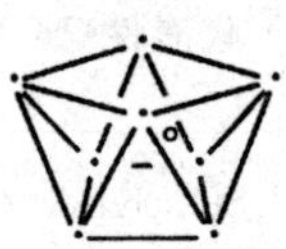	$[M(CN)_8]^{4-}$（M＝Mo、W）
9	4,4,4-三面冠三棱柱形	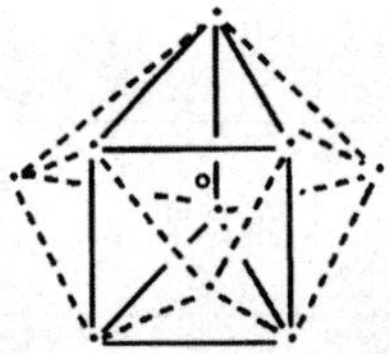	$[ReH_9]^{2-}$、$[Nd(H_2O)_9]^{3+}$

在化学组成相同的配合物中，因原子间连接或空间排列方式不同而引起的结构和性质不同的现象，称为配合物的同分异构现象。化学式相同但结构和性质不相同的几种配合物互为异构体。配合物的异构现象较为普遍，可分为几何异构和旋光异构等，几何异构又可分为结构异构和立体异构。配合物的同分异构分类情况如图1-3所示。

$$\text{配合物的同分异构}\begin{cases}\text{几何异构}\begin{cases}\text{结构异构}\begin{cases}\text{电离异构、水合异构}\\\text{配位异构、键合异构}\end{cases}\\\text{立体异构}\end{cases}\\\text{旋光异构}\end{cases}$$

图 1-3　配合物的同分异构情况

2. 配合物的结构异构

配合物的结构异构指因配合物中内部结构的不同而引起的异构现象,包括由于配体位置变化而引起的结构异构和由配体本身变化而引起的结构异构现象。

(1)电离异构

配合物的内外界之间是完全电离的,因内外界之间交换成分得到的配合物互为电离异构。它们电离所产生的离子种类不同。

例如,$[CoBr(NH_3)_5]SO_4$(紫色)和 $[CoSO_4(NH_3)_5]Br$(红色),前者可以与 $BaCl_2$ 反应生成 $BaSO_4$ 沉淀,后者与 $AgNO_3$ 生成 $AgBr$ 沉淀。

(2)溶剂合异构

外界溶剂分子取代一定数目的配位基团而进入配离子的内界产生溶剂合异构现象。由于常见的溶剂是水,所以最常见的溶剂合异构是水合异构。这是电离异构的特例。溶剂合异构体的物理性质、化学性质及稳定性都有很大的差别。表 1-2 列出了实验式为 $CrCl_3 \cdot 6H_2O$ 的 3 种水合异构。

表 1-2　$CrCl_3 \cdot 6H_2O$ 的水合异构体

分子式	颜色	溶液中离子总数	AgCl 沉淀的物质的量/mol	开始失水温度/K
$[Cr(H_2O)_6]Cl_3$	紫色	4	3	373
$[CrCl(H_2O)_5]Cl_2 \cdot H_2O$	绿色	3	2	353
$[CrCl_2(H_2O)_4]Cl_2 \cdot H_2O$	灰绿色	2	1	333

热重分析表明,这 3 种异构体随着它们外界水分子数的增多和内界强反位效应 Cl^- 数目的增多,热稳定性逐渐降低,各异构体的失水温度也逐步递降。

(3)配位异构

在由配阳离子和配阴离子构成的配合物中,两种配体分别处于配阳离子或配阴离子的内界而引起的异构现象。

例如,$[Co(NH_3)_6][Cr(C_2O_4)_3]$和$[Cr(NH_3)_6][Co(C_2O_4)_3]$。

(4)配位位置异构

指多核配合物中,因配体位置变化而引起的异构现象。

例如,

$$[(NH_3)_4Co \overset{OH}{\underset{OH}{\diamond}} Co(NH_3)_2Cl_2]^{2+}$$

$$[Cl(NH_3)_3Co \overset{OH}{\underset{OH}{\diamond}} Co(NH_3)_3Cl]^{2+}$$

(5)聚合异构

聚合异构并非真正的异构体,因为它们并不具有相同的相对分子质量,只是具有相同的实验式。换句话说,各聚合异构体的相对分子质量分别为它们最简化学式量的 n 倍,这里的 n 为正整数。

(6)键合异构

同一配体由于配位原子不同而引起的异构现象。

例如,同一个配体 NO_2^-,以 N 原子配位时称为硝基,以 O 原子配位时称为亚硝酸根,并记为 ONO^-,可以形成异构体 $[Co(NH_3)_5NO_2]^{2+}$(黄褐色)和 $[Co(NH_3)_5(ONO)]^{2+}$(红褐色)。

(7)配体异构

如果有 2 种配体互为异构体,则相应的配合物就互为配体异构体。

例如,$H_2NCH_2CH(NH_2)CH_3$(1,2-二氨基丙烷,记为 L),$H_2NCH_2CH_2CH_2NH_2$(1,3-二氨基丙烷,记为 L'),互为异构体,

那么它们与 Co(Ⅲ)形成的配合物[CoCl₂L₂]Cl 和[CoCl₂L′₂]Cl 也互为异构体。配体异构的一种特殊情况是当配体本身彼此为旋光异构体时,生成的配合物也会有旋光异构体存在。

此外,还有一些其他的构造异构,此处不再一一讨论。最后应指出的是在某些组成复杂的配合物中,各种异构现象常常同时存在。因此,在分析其异构现象时,必须综合考虑。

3. 配合物的立体异构

配合物立体异构现象是指因配合物内界中两种或两种以上配位体(或配位原子)在空间排布方式的不同而引起的异构现象,相同的配体既可以配置在邻近的顺式位置上(*cis-*),也可以配置在相对远离的反式位置上(*trans-*),这种异构现象又叫做顺反异构。立体异构包括顺式、反式异构和面式、经式异构两大类共四种,如表 1-3 所示。

表 1-3　配合物的立体异构现象

配位数	配位个体通式	空间构型	空间异构现象
4	MA₃B	正四面体	无
		平面正方形	无
	MA₂B₂	正四面体	无
		平面正方形	顺式、反式异构
6	MA₅B		无
	MA₄B₂	正八面体	顺式、反式异构
	MA₃B₃		面式、经式异构

配位数为 2 和 3 的配合物或配位数为 4 的四面体配合物因配体之间都是彼此相邻而不存在顺反异构。然而,对于平面四边形和八面体配合物,顺反异构却很常见。如平面正方形配位且组成为 MA₂B₂(A、B 等字母代表不同的配体)的配合物存在顺式和反式两种异构体。

（1）顺反异构

平面四边形配合物二氯二氨合铂（Ⅱ）$[Pt(NH_3)_2Cl_2]$就有顺式和反式两种异构体，如图 1-4 所示，其中顺式异构体（顺铂）是目前临床上经常使用的抗癌药物，而反式异构体则不具有抗癌作用。而 MA_3B 型配合物呈四面体分布，不存在顺反异构体。

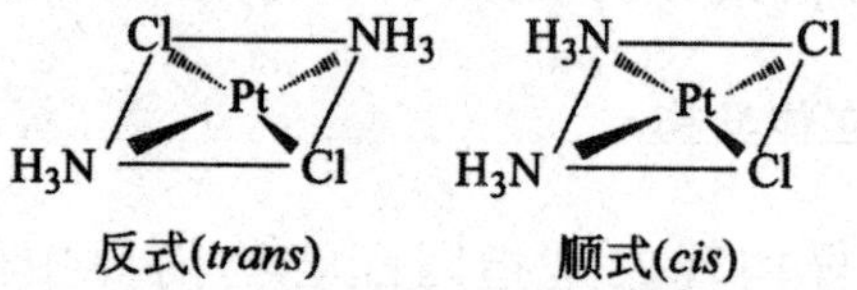

图 1-4　顺式-和反式-$[Pt(NH_3)_2Cl_2]$两种异构体的结构

具有八面体配位构型的六配位配合物同样有立体异构体存在，其异构体的数目与配体种类（单齿还是双齿等）以及不同配体的种类数等有关。对于 MA_4B_2 型配合物，如配离子$[Co(NH_3)_4Cl_2]^+$具有顺式和反式异构体，如图 1-5 所示。

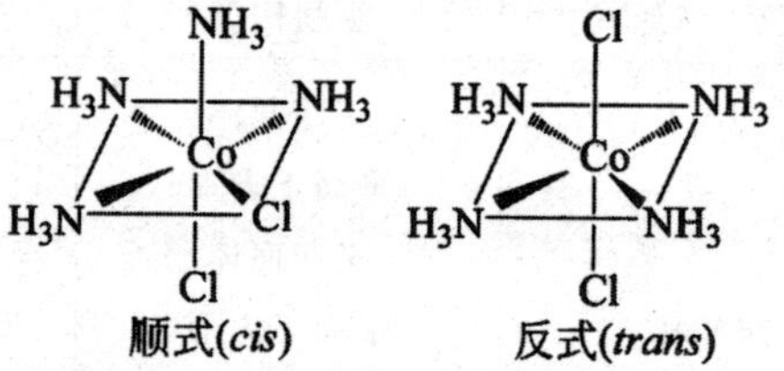

图 1-5　配合物$[Co(NH_3)_4Cl_2]^+$中的顺式和反式结构

（2）面式和经式异构

对于具有八面体配位构型的六配位配合物同样有异构体存在，而且异构体的数目与配体的种类（是单齿还是双齿等）、不同配体的种类数等有关。首先，我们来看看单齿配体的情况，在 MA_4B_2 型配合物中，$[Co(NH_3)_4Cl_2]Cl$ 有顺式和反式两种异构体存在。而对于 MA_3B_3 型六配位化合物来说，虽然也有两种异构体存在，但是一般称之为面式和经式，而不是顺式和反式，如图 1-6 所示。

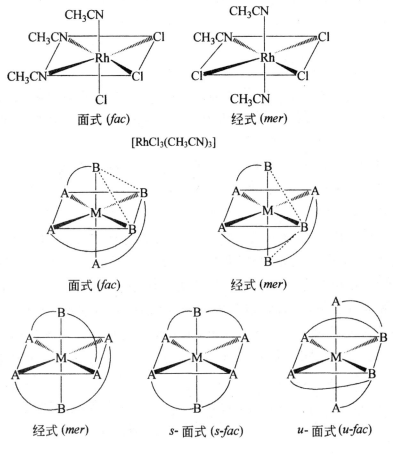

面式 (*fac*)　　　经式 (*mer*)

[RhCl₃(CH₃CN)₃]

面式 (*fac*)　　　经式 (*mer*)

经式 (*mer*)　　　*s*- 面式 (*s-fac*)　　　*u*- 面式 (*u-fac*)

图 1-6　面式和经式异构体结构

另外,随着配合物中不同配体种类的增多其异构体数目也随之增多。例如 $MA_2B_2C_2$ 型配合物有 5 种,MA_2B_2CD 型有 6 种,$MABCDEF$ 型共有 15 种几何异构体存在。

如图 1-6 所示,对于含有不对称或者是配位原子不同的双齿配体的六配位配合物,可简单表示为 $M(AB)_3$,与 MA_3B_3 型配合物一样有面式和经式两种异构体存在。以二乙烯三胺为例来说明含三齿配体的配合物 $M(ABA)_2$ 中的几何异构情况,二乙烯三胺的化学式为 $NH_2CH_2CH_2NHCH_2CH_2NH_2$,在图 1-6 中简单表示为 ABA 型配体。由图可知,由于面式异构体中有对称和不对称 2 种存在,因此配合物 M(ABA)$_2$ 中共有 3 种几何异构体存在。

4. 配合物的旋光异构

若一个分子与其镜像不能重合,则该分子与其镜像互为对映异构体,它们的关系如同左右手一样,故称两者具有相反的手性,这个分子即为手性分子。当然,任何分子都有镜像,但多数分子和它的镜像都能重合。如果分子和它的镜像能重合,它们就是同一物质,是非手性分子,无对映异构体。一对对映异构体结构差别很小,因此它们具有相同的熔点、沸点、溶解度等物理性质,化学性质也基本相同,很难用一般的物理或化学方法区分。但它们对平面偏振光的作用不同,一个可使平面偏振光向逆时针方向旋转,称为左旋体;另一个可使平面偏振光向顺时针方向旋转,称为右旋体,二者旋转角度相同,分别在冠名前加 L(或"－")和 D(或"＋")表示。因此对映异构也叫做旋光异构或光学异构。

例如八面体形的 $[Co(en)_2(NO_2)_2]^+$ 具有顺反几何异构体,其中反式 $[Co(en)_2(NO_2)_2]^+$ 不可能有旋光异构。而顺式 $[Co(en)_2(NO_2)_2]^+$ 具有旋光异构体,如图 1-7 所示。四面体形、平面正方形配合物也可能有旋光异构体,但已发现的较少。

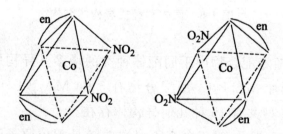

(a) (+)-顺-[Co(en)$_2$(NO$_2$)$_2$]$^+$ (b) (−)-顺-[Co(en)$_2$(NO$_2$)$_2$]$^+$

图 1-7 顺-$[Co(en)_2(NO_2)_2]^+$ 的旋光异构体

旋光异构体的熔点相同而光学性质不同。有旋光异构体的配合物一定是手性分子,经过拆分后,每个对映体均有光学活性,可用旋光度来衡量。在 $[Co(en)_3]Br_3$ 中有 2 个旋光异构体存在,如图 1-8 所示，尽管乙二胺是对称配体，而且是 3 个同样的配体配位于同一个中心原子上。

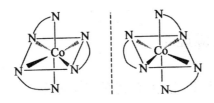

图 1-8　[Co(en)₃]Br₃ 的 2 个旋光异构体

　　有的配合物既有旋光异构体又有几何异构体存在，配合物 $[CoCl(NH_3)(en)_2]^{2+}$ 的反式结构中有两个对称面，均通过 Cl、Co、N 三个原子，且垂直于分子平面，这两个对称面相互垂直，而顺式结构的 $[CoCl(NH_3)(en)_2]^{2+}$ 则无对称面，有对映体存在。因此配合物 $[CoCl(NH_3)(en)_2]^{2+}$ 共有 3 种异构体存在，如图 1-9 所示。现已证实，$[M(AA)_3]$、$[M(AA)_2B_2]$、$[M(AA)_2BC]$ 和 $[M(AA)(BB)C_2]$ 型配合物的顺式异构体中都有光学活性的旋光异构体存在，同时每一个几何异构体都有一个光学对映体存在。因此，从理论上讲 MABCDEF 型配合物应有 30 个异构体存在，不过到目前为止，还未能分离得到全部 30 种异构体。

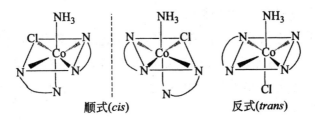

顺式(cis)　　　　　　　　　反式(trans)

图 1-9　$[CoCl(NH_3)(en)_2]^{2+}$ 的几何异构体和旋光异构体

　　需要特别指出的是，许多旋光活性配合物常表现出旋光不稳定性，它们在溶液中进行转化，左旋异构体转化为右旋异构体，右旋异构体转化为左旋异构体。当左旋和右旋异构体达到等量时，即得一无旋光活性的外消旋体，这种现象称为外消旋作用。

1.3 配合物中的化学键理论

1.3.1 价键理论

与其他化合物相比,配合物最显著的特点是含有由中心原子或离子与配体结合而产生的配位键。研究配合物中配位键的本质,并阐明配合物的配位数、配位构型以及热力学稳定性、磁性等物理化学性质是配位化学中的一个重要组成部分。配合物的化学键理论,是指中心离子与配体之间的成键理论,目前主要有价键理论、晶体场理论、分子轨道理论和配位场理论四种。1798 年塔斯尔特在实验室制得六氨合钴(Ⅲ)氯化物等一系列配合物,这些配合物在相当长的时间里,科学家都感到难以理解。因为根据当时经典的化合价理论,$CoCl_3$ 和 NH_3 都是化合价已饱和的稳定化合物,它们之间又怎么结合成稳定的化合物呢? 1893 年,瑞士化学家维尔纳提出了对"复杂化合物"(配位化合物)结构的见解,即维尔纳配位理论。

配位理论虽对配位化学的发展起了重大作用,但对一系列问题却难以解释。如配位键形成的条件和本质,配位数和空间构型,以及配离子的性质如何。

Pauling 等人在 20 世纪 30 年代初提出了杂化轨道理论。他本人首先将杂化轨道理论与配位共价键、简单静电理论结合起来,用于解释配合物的成键和结构,建立了配合物的价键理论,简称 VBT[2]。

在配合物的形成过程中,中心离子(或原子)M 必须具有空的价轨道,以接受配体的孤电子对或 π 电子,形成 σ 配位共价键(M←L),简称 σ 配键。σ 配键沿键轴呈圆柱形对称,其键的数目即中心离子的配位数。

例如,在形成配离子 $[Ti(H_2O)_6]^{3+}$ 的过程中,Ti^{3+} 的空轨道接受配体水分子的孤电子对形成 $Ti←OH_2$ 配位键,表示为

$$H_2O \quad OH_2 \; OH_2$$
$$\searrow \downarrow \swarrow$$
$$Ti$$
$$\nearrow \uparrow \nwarrow$$
$$H_2O \quad OH_2 \; OH_2$$

为了增强成键能力，共价配合物中的中心原子的能量相近的空价轨道要采用适当的方式进行杂化，以杂化了的空轨道来接受配体的孤对电子形成配合物，这些相近的空价轨道包括 ns 与 np；$(n-1)d$、ns 与 np；ns、np 与 nd 等。杂化轨道的组合方式决定配合物的空间构型、配位数等。过渡金属的价电子轨道为 $(n-1)d$、ns 与 np，共 9 个轨道，主要的杂化轨道类型为 sp（直线形）、sp^2（正三角形）、sp^3（正四面体）、dsp^2（正方形）、dsp^3（三角双锥）、d^2sp^3（正八面体）和 d^4sp^3（正十二面体）等。

金属元素一般有尚未填满的内层 $(n-1)d$ 及未填充的外层 ns、np 及 nd 等空轨道，故其杂化方式有 2 种，即外轨型杂化和内轨型杂化。

①配体的配位原子电负性较大，如 F^-、H_2O、Cl^-、Br^-、OH^-、ONO^-、$C_2O_4^{2-}$，其孤电子对难以给出，中心离子的内层结构不发生改变，仅用外层的 ns、np 及 nd 空轨道杂化，然后接受配体的孤电子对，这类化合物叫外轨型配合物。这类化合物中配合物中心离子的构型与中心离子单独存在时相同，中心离子价电子自旋程度大，所以又称为高自旋配合物。

②配体的配位原子的电负性较小，如 CN^-、CO、NO_2^-；较易给出孤电子对，对中心离子的结构影响较大，通常中心离子 $(n-1)d$ 轨道上的成单电子被强行配对，而空出内层能量低的空轨道来接受配体的孤电子对，形成内轨型配合物。这类化合物中心离子构型与中心离子单独存在时不同。中心离子的成单电子数少，自旋程度小，故这类化合物有时又叫低自旋配合物。

由于成单电子配对过程中需要克服电子成对能，因此形成内轨型配合物时中心离子 M 与 L 之间成键放出的能量在补充成对能后，仍比形成外轨型配合物的总能量大。六配位八面体型配合

物通常采用 sp^3d^2 或 d^2sp^3 杂化轨道,前者为外轨型,后者为内轨型配合物。

例如在 $[Mn(H_2O)_6]^{2+}$ 中由于配位原子氧的电负性较大,不容易给出孤电子对,因此这类配体与中心原子作用时对中心原子的电子结构影响并不是很大。如图 1-10 所示,可以看出,在 $[Mn(H_2O)_6]^{2+}$ 中锰的电子结构没有发生变化,来自水分子 6 个氧的 6 对孤电子对占据了锰的 6 个 sp^3d^2 杂化轨道,从而形成了高自旋的外轨型配合物。

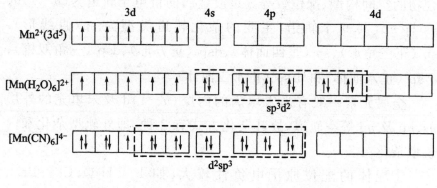

图 1-10 外轨型和内轨型 Mn(Ⅱ)配合物

与此相反,由于 CN^- 配体中配位原子较容易给出孤电子对,因此在 $[Mn(CN)_6]^{4-}$ 的形成过程中,配体对中心原子电子结构的影响较大,使 Mn^{2+} 的 3d 轨道上的 5 个不成对电子发生重排,从而空出 2 个 3d 轨道参与形成 d^2sp^3 杂化轨道,因此 $[Mn(CN)_6]^{4-}$ 为低自旋内轨型配合物。

同理,对于 $(n-1)d^8$ 电子构型四配位的配合物如 $Ni(NH_3)_4^{2+}$ 和 $Ni(CN)_4^{2-}$,前者为正四面体,后者为平面四方形,即前者的 Ni^{2+} 采取 sp^3 杂化,后者的 Ni^{2+} 采取 dsp^2 杂化,如图 1-11 所示。而 Pd^{2+}、Pt^{2+} 为中心体的四配位配合物一般为平面四方形,因为它们都采取 dsp^2 杂化。

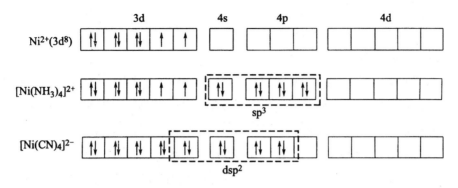

图 1-11　外轨型和内轨型 Ni(Ⅱ)配合物

在实验方面,Pauling 依据磁矩的测定来区分电价配合物和共价配合物。如果形成的配合物的磁矩与相应自由离子的磁矩相同,为电价配合物;如果发生磁矩的改变,则认为形成共价配合物。过渡金属配合物中如果含有未成对电子,由电子自旋产生的自旋磁矩使配合物表现顺磁性;如果配合物中没有未成对电子,则表现出反磁性。

通过测定配合物的磁矩可以确定配合物属于外轨型还是内轨型。磁矩 μ 的单位为波尔磁子(B. M.),用 μ_B 表示,可以用下面的公式进行近似计算

$$\mu_B = \sqrt{n(n+2)}$$

在上面式子中,n 为成单电子数,依此公式计算出配合物的磁矩如表 1-4 所示。

表 1-4　配合物的磁矩与未成对电子数的关系

n	0	1	2	3	4	5
μ_B/B. M.	0.00	1.73	2.83	3.87	4.90	5.92

配合物的价键理论较好地解释了配合物的磁学性质。如 $[FeF_6]^{3-}$ 中含有 5 个未成对电子,其理论计算值为 5.92 B. M. ,而实测值为 5.88 B. M. ,与理论值基本一致。因此,对一个结构未知的配合物,通过测定其磁矩,可在一定程度上判断其是内轨

型还是外轨型配合物。内轨型配合物往往属于低自旋配合物,外轨型则属于高自旋配合物,配合物的几何构型可用中心离子的杂化轨道来说明。

价键理论概念明确,模型具体,其假定与化学工作者所熟悉的价键概念一致,易被初学者所接受,能反映配合物的大致面貌。对推动配位化学成键理论的发展起了重要作用,但也存在很大的不足。例如,用 4d 轨道组成杂化轨道,4d 轨道的能量太高,似乎不可能;用磁矩来区分 $d^4 \sim d^7$ 的低自旋和高自旋八面体配合物虽较为有效,但对高自旋和低自旋型配合物的不成对电子数相同的,d^1、d^2、d^3、d^8 和 d^9,不能用磁矩来区别;更重要的是价键理论只是讨论了配合物的基态性质,对激发态却无能为力,因此不能解释配合物的颜色及电子光谱,而在成键理论中大多数实验数据的依据多来自于电子光谱;对一些非经典配合物如羰基化合物、二茂铁等用价键理论却不能给予满意的解释。但目前价键理论中杂化轨道概念用于讨论配合物的成键仍然十分有效。

Taube 在 Pauling 提出电价酉己合物和共价配合物的价键理论的基础上,将过渡金属配合物统一到共价键理论中来,进一步提出所有配合物中的中心原子与配体间都是以配位键结合的,而配合物可以有内轨型和外轨型之分。无论在内轨型还是在外轨型配合物中,M−L 之间的化学键(配位键)都属于共价键的范畴,不过这种共价键存在一定程度的极性。这种经改进的价键理论在一定程度上解决了 Pauling 将配合物划分为电价和共价配合物以及磁判据所遇到的困难,但还是不能回答配合物激发态性质的诸多问题。

价键理论在历史的长河中曾一度衰落,直到等瓣类似性概念的提出之后,其又有复苏之势。

1.3.2 晶体场理论

自 20 世纪 50 年代以来,晶体场论和分子轨道论逐步成为了主流,他们较圆满地解决了价键理论中未能解决的很多问题。晶体场理论认为配位体(离子或强极性分子如 Cl^-、H_2O、NH_3 等)同带有正电荷的正离子之间的静电吸引是使配合物稳定的根本原因。由于这个力的本质类似于离子晶体中的作用力,所以取名为晶体场理论。这意味着我们可以将配合物中的中心金属离子(或原子)与它周围的原子(或离子)所产生的电场作用看作类似于置于晶格中的一个小空穴上的原子所受到的作用。这种晶体场当然要破坏原先自由离子(或原子)的电荷分布。晶体场理论认为中心金属上的电子基本上定域于原先的原子轨道,中心金属与配体之间不发生轨道的重叠,完全忽略了配体与中心金属之间的共价作用。简言之,晶体场理论模型的基本要点为:

①配合物中的中心金属离子与配体(被视为点电荷或点偶极)之间的作用是纯静电作用,即不交换电子,也不形成共价键。

②当受到带负电荷的配体(阴离子或偶极子的负端)的静电作用时,过渡金属离子(或原子)原本五重简并的 d 轨道(单电子或单空穴体系)或含多电子的金属离子(或原子)的各谱项就要发生分化、改组,即发生能级分裂,能级分裂的情况根据配体对称性的不同而不同。

接下来,我们就从中心体 d 轨道在不同配体场中的分裂情况、晶体场分裂能、晶体场稳定化能三方面来进行讨论。

1. 中心体 d 轨道在不同配体场中的分裂情况

如果只考虑中心离子和配体的静电作用,配体产生的电场称为晶体场。在孤立的原子或离子状态下,金属原子或离子中的 5 个 d 轨道的能量是相同的,称为简并轨道。当配体与中心离子形成配合物时,d 轨道会受到晶体场的作用,中心离子的正电荷与配体的负电荷相互吸引,中心离子 d 轨道上的电子受到配体电子云的排斥。在不同方向,这种相互作用的大小是不同的,d 轨道能量变化的程度也不相同。

在八面体晶体场中,5 个 d 轨道的能量都有所上升,但因上升程度不同而出现了能量高低差别。中心离子 d_{z^2} 和 $d_{x^2-y^2}$ 轨道的伸展方向正好处于正八面体的 6 个顶点方向,与配体迎头相遇,其能量上升较高,而 d_{xy}、d_{yz}、d_{xz} 轨道与正八面体轴向相错,与配体的相互作用小,能量上升较少,如图 1-12 所示。因此,本来简并的 5 个 d 轨道分裂为 2 组,即能量相对较高的轨道 d_{xy}、d_{yz}、d_{xz} 称为 e_g 轨道,能量相对较低的轨道 d_{z^2} 和 $d_{x^2-y^2}$ 称为 t_{2g} 轨道。

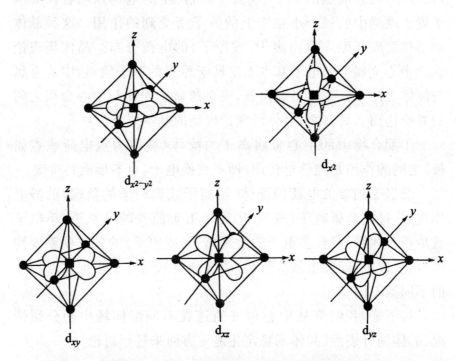

图 1-12　正八面体场对 5 个 d 轨道的作用

配合体的几何构型不同,d 轨道的分裂情况也不同,在正四面体场中,配体占据立方体的四个顶点,配体与 d 轨道不会出现迎头相碰的作用,但是由于 d_{xy}、d_{yz}、d_{xz} 轨道指向各棱的中点,d_{z^2} 和 $d_{x^2-y^2}$ 轨道指向立方体的面心,相对而言,前者受配体的作用更强,在这里,d_{xy}、d_{yz}、d_{xz} 轨道称作 e 轨道,d_{z^2} 和 $d_{x^2-y^2}$ 轨道称作 t_2 轨道。

2. 晶体场分裂能

从上面的分析中可以看出中心原子的 d 轨道在配体的负电

场作用下会发生分裂,产生能量高低不同的轨道。一般将最高能级和最低能级之间的能量差称为晶体场分裂能,常用 Δ 表示。

例如,在正八面体场中 Δ_o(o 代表八面体场 O_h)表示 e_g 和 t_{2g} 轨道的能量差,并人为地定义为 10Dq;在四面体场中,Δ_t(t 代表四面体场 T_d)代表 e 和 t_2 轨道之间的能量差,而且 Δ_t 较 Δ_o 要小,且

$$\Delta_t = \frac{4}{9}\Delta_o = 4.45Dq$$

另外,根据量子力学原理,在外界电场作用下产生的 d 轨道分裂前后,其总能量应该保持不变,由此可得

$$2E_{eg} + 3E_{t2g} = 0$$
$$E_{eg} - E_{t2g} = 10Dq = \Delta_o$$
$$2E_e + 3E_{t2} = 0$$
$$E_{t2} - E_e = 4.45Dq = \Delta_t$$

从而可以计算出八面体场中 e_g 和 t_{2g} 轨道的相对能量,即

$$E_{eg} = 6Dq, \quad E_{t2g} = -4Dq$$

影响晶体场分裂能 Δ 的主要因素有中心金属离子的电荷、d 轨道主量子数 n、配位几何构型以及配体的类型等。其中金属离子的正电荷越高、d 轨道主量子数 n 越大(即金属离子在元素周期表中所处的周期越往后),其分裂能 Δ 也越大,例如$[Fe(H_2O)_6]^{3+}$ 的分裂能较$[Fe(H_2O)_6]^{2+}$ 的要大。配位几何构型与 Δ 的关系为:

$$\Delta_d > \Delta_o > \Delta_t$$

其中 d、o、t 分别代表平面正方形 D_{4h}、八面体场 O_h、四面体场 T_d。对于同一金属离子的八面体场中配体对 Δ 的影响研究得到以下的顺序,即 Δ_o 的大小顺序,并称之为光谱化学序,主要适用于第一过渡系金属离子的配合物:

$I^- < Br^- < Cl^- \sim \overline{S}CN^- < F \sim (NH_2)_2C\overline{O} < OH^- < ONO^- < C_2O_4^{2-} <$
$H_2O < \overline{N}CS^- < EDTA < py \sim NH_3 < en < NH_2OH < \overline{N}O_2^- < CN^- \sim CO$

其中,有下划线的为配位原子。这实际上是配体场强度增加的顺序,通常将前面的 I^-、Br^-、Cl^- 等称为弱场配体,而后面的 $\underline{N}O_2^-$、

CN⁻ 等称为强场配体。

3. 晶体场稳定化能

前面已经看到,由于 d 轨道的空间取向不同,引起它们在配位场中发生分裂。优先把所有电子填入能级较低的轨道与把电子填入同一(平均)能级的轨道相比,会使金属离子在能量上处于较有利的状态,也就是处于较稳定的状态。这个能量差别叫做配位场稳定化能,简称 CFSE。在较高能级轨道上的电子当然会抵消稳定效应。总的配位场稳定化能可用能量间隔表示。

对于四面体场,e 轨道的每个电子的稳定化作用为 $\frac{3}{5}\Delta_t$,而 t_2 能级上的每个电子去稳定化作用为 $\frac{2}{5}\Delta_t$。四面体场的所有 d^n 组态的 CFSE 如表 1-5 所示。

表 1-5　d^n 组态过渡金属离子在四面体场中电子组态和晶体场稳定化能

d^n	电子组态	未成对电子数	晶体场稳定化能
d^1	e^1	1	$-6Dq$
d^2	e^2	2	$-12Dq$
d^3	e^2t^1	3	$-8Dq$
d^4	e^2t^2	4	$-4Dq$
d^5	e^2t^3	5	0
d^6	e^3t^3	4	$-6Dq$
d^7	e^4t^3	3	$-12Dq$
d^8	e^4t^4	2	$-8Dq$
d^9	e^4t^5	1	$-4Dq$
d^{10}	e^4t^6	0	0

对于正八面体场,t_{2g} 轨道的每个电子的稳定化作用为 $\frac{2}{5}\Delta_0$,而 e_g 能级上的每个电子带来的不稳定化作用为 $\frac{3}{5}\Delta_0$。正八面体

场的所有 d^n 组态的 CFSE 如表 1-6 所示。

表1-6　d^n 组态过渡金属离子在八面体场中电子组态和晶体场稳定化能

d^n	高/低自旋态	电子组态	未成对电子数	晶体场稳定化能
d^1	—	$(t_{2g})^1$	1	$-4Dq$
d^2	—	$(t_{2g})^2$	2	$-8Dq$
d^3	—	$(t_{2g})^3$	3	$-12Dq$
d^4	高自旋态	$(t_{2g})^3(e_g)^1$	4	$-6Dq$
	低自旋态	$(t_{2g})^4$	2	$-16Dq+P$
d^5	高自旋态	$(t_{2g})^3(e_g)^2$	5	0
	低自旋态	$(t_{2g})^5$	1	$-20Dq+2P$
d^6	高自旋态	$(t_{2g})^4(e_g)^2$	4	$-4Dq$
	低自旋态	$(t_{2g})^6$	0	$-24Dq+2P$
d^7	高自旋态	$(t_{2g})^5(e_g)^2$	3	$-8Dq$
	低自旋态	$(t_{2g})^6(e_g)^1$	1	$-18Dq+P$
d^8	—	$(t_{2g})^6(e_g)^2$	2	$-12Dq$
d^9	—	$(t_{2g})^6(e_g)^3$	1	$-6Dq$
d^{10}	—	$(t_{2g})^6(e_g)^4$	0	0

由以上两表可见,似乎在所有场合下(除 d^0、d^5、d^{10} 组态外)八面体构型都比四面体构型稳定(稳定化能大),这可能是八面体(或近似八面体)的配合物远比四面体配合物常见的原因;但是仍然存在相当数量的四面体配合物,甚至相当稳定。这表明 CFSE 并不是决定配合物空间构型的唯一因素。可以估计中心离子和配体的体积以及金属—配体间的距离等因素还有更大的影响。

由于四面体场的晶体场分裂能 Δ_t 只有八面体场分裂能的 $\dfrac{4}{9}$,这样小的分裂能值,不能超过电子成对能 P,因此过渡金属离子的四面体配合物只有高自旋而没有低自旋。同样,CFSE 的大小与配合物的几何构型、中心原子的 d 电子数和所在周期数、配位场强弱及电子成对能密切相关。

1.3.3 分子轨道理论

事实上晶体场理论是是分子轨道理论的极限情况,分子轨道理论简称 MOT。与晶体场理论中只考虑静电作用不同,分子轨道理论考虑了中心原子与配位原子间原子轨道的重叠,即配位键的共价性。配合物中的分子轨道理论实际上与讨论简单分子时使用的原子轨道线性组合－分子轨道法是一样的。构建配合物的分子轨道原则上与构建简单双原子分子的分子轨道方法相同,都是将中心原子和配位原子的原子轨道按照一定的原则进行有效地线性组合。具体需要满足的原则有:对称性匹配原则,即只有对称性相同的原子轨道才能够发生相互作用,并组成有效的分子轨道;能量相近(相似)原则,能量相差悬殊的原子轨道不能够有效地组成分子轨道;最大重叠原则,原子轨道的重叠越大,组合形成的分子轨道越稳定、越有效[3]。最早将分子轨道理论运用于配合物的是 Van Vleck。在这里,我们将分子轨道理论的要点总结如下:

①分子轨道理论认为配合物的中心原子与配体间的化学键都是共价键。

②当配体接近中心原子时,中心原子的价轨道与能量相近、对称性匹配的配体轨道可以重叠组成分子轨道。

分子轨道理论不仅可以解释包括羰基配合物、π-配合物等特殊配合物在内的配位键的形成,而且可以计算出所形成配合物分子轨道能量的高低,从而可以定量地解释配合物的某些物理和化学性质。因此,分子轨道理论比前面介绍的价键理论和晶体场理论更能够说明问题。但是,美中不足的是要真正计算出配合物中分子轨道能量的高低往往需要冗长的计算,很多情况下难以得出结果。通常采用简化或某些近似处理的方法来得到分子轨道能量的相对高低。这里只定性地对常见的八面体配位构型配合物的分子轨道进行简单的介绍。

1. 只有 σ 键作用的 ML$_6$ 型八面体配合物

如图 1-13 所示,是中心金属与配体之间不存在 π 相互作用中最简单的一种情况。在 ML$_6$ 中只有 σ 成键作用。在第一过渡系八面体配合物中,金属离子具有 $4s$、$4p_x$、$4p_y$、$4p_z$、$3d_{xy}$、$3d_{yz}$、$3d_{xz}$、$3d_{x^2-y^2}$、$3d_{z^2}$ 共 9 个价轨道。其中有 6 个轨道的角度分布的最大值处在 $\pm xy$、$\pm y$ 和 $\pm z$ 这 6 个方向上,与 ML$_6$ 型八面体配合物中 6 个配体所处方向一致,因此这 6 个轨道可以参与形成 σ 分子轨道,即具有 σ 对称性。当这些金属离子与仅有 σ 轨道参与配位键形成的配体作用形成 ML$_6$ 型八面体配合物时,配合物分子轨道中只有 σ 键存在。在与金属离子轨道作用以前,来自配体的 6 个 σ 轨道必须首先进行线性组合形成配体群轨道。

以配离子 $[Co(NH_3)_6]^{3+}$ 为例,从图 1-13 中可以看出,来自金属离子的 6 个 σ 轨道可以与配体的 6 个 σ 轨道组合成 1 个 a_{1g},2 个 e_g 和 3 个 t_{1u} 对称轨道。根据对称性匹配原则可将金属离子和配体中具有相同对称性的轨道进行线性组合,得到配合物的分子轨道。配体 NH_3 提供不等性杂化的孤电子对轨道作为 σ 型轨道,配位原子 N 的 p_x 和 p_y 能级高,配体无能量匹配的 π 轨道参与形成分子轨道。金属离子的 a_{1g} 和配体的 a_{1g} 群轨道相互作用,得到两个分子轨道,一个为成键分子轨道,另一个为反键分子轨道。金属的 t_{1u} 轨道和配体的 t_{1u} 群轨道作用,产生一个成键分子轨道和一个反键分子轨道。

同样,金属离子和配体的 e_g 相互作用产生成键的 e_g 和反键的 e_g^* 分子轨道。金属离子的 t_{2g} 轨道并不直接指向配体,不能与配体形成 σ 键,而且配体并没有相同对称性的 σ 型群轨道与之匹配,因此如果仅考虑 σ 的成键作用,中心原子的 t_{2g} 是非键轨道。在上面配离子中,Co^{3+} 的 6 个 d 电子可以填入非键的 t_{2g} 轨道和反键的 e_g^* 轨道,并有 2 种排列方式,即 $(t_{2g})^6(e_g^*)^0$ 和 $(t_{2g})^4(e_g^*)^2$,前者为低自旋,后者为高自旋。具体采用哪种填法,与其电子成对能 P 以及 t_{2g} 和 e_g^* 轨道间的能级差(即晶体场理论中的分裂能 Δ_o)

有关,当 $\Delta_o > P$ 时按低自旋 $(t_{2g})^6 (e_g^*)^0$ 填充,而当 $\Delta_o < P$ 时按高自旋方式 $(t_{2g})^6 (e_g^*)^0$ 填充。这一结论与晶体场理论的结论是完全一致的。

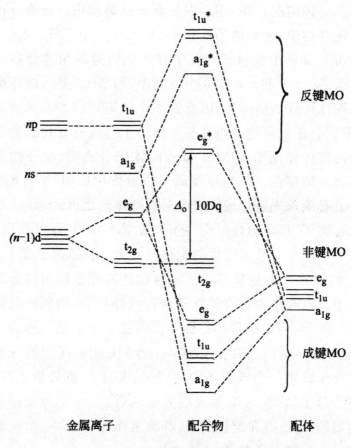

金属离子　　　　　　　配合物　　　　　　配体

图 1-13　分子轨道的形成情况

2. 有 π 键的 ML_6 型八面体配合物

前面所讨论的是配体分子或离子中只有 σ 轨道参与配合物分子轨道的形成的情况。当配体中有 π 轨道参与时,还要考虑配体 π 轨道与金属离子 π 轨道之间的作用。根据配体 π 轨道来源的不同,主要有 3 种情况,如图 1-14 所示,即配体 L 分别提供垂直于 M—L 轴方向的 p 轨道、d 轨道或者 π^* 反键轨道与金属离子 M^{n+} 的 π 轨道作用。

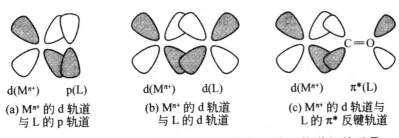

图 1-14　金属离子 M^{n+} 的 π 轨道与配体 L 的 π 轨道间的重叠

另外，由于配体的 d 轨道和 π^* 反键轨道往往是空轨道，因此在形成配合物的分子轨道中这些来自配体的 d 轨道或 π^* 反键轨道就作为电子接受体，称之为行接受体配体，而配体的 p 轨道往往是充满电子的，因此在配合物分子轨道中充当电子给予体，该类配体被称为 π-给予体配体。如图 1-15 所示，根据是作为电子接受体还是作为电子给予体的不同，配体 π 轨道与金属离子 π 轨道作用形成配合物分子轨道时对分裂能 Δ_o 值的影响是不一样的。

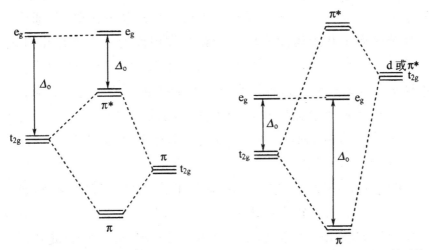

(a) 配体作为 π-电子给予体　(b) 配体空的 d 轨道或者 π^* 轨道作为 π-电子接受体

图 1-15　有 π 键的 ML_6 型八面体配合物的分子轨道能级图

含卤素离子配体的配合物，例如 $[CoF_6]^{3-}$，即属于图 1-15(a)

的情况。氟离子 p 轨道可与钴离子的 t_{2g} 轨道作用形成 π 成键和 π^* 反键分子轨道,而且 π 成键轨道主要来自能量较低的配体轨道,π^* 反键轨道则主要为能量相对较高的金属离子 t_{2g} 轨道。这样 π 成键的结果使金属离子 t_{2g} 轨道的能量升高,与 e_g 轨道间的能量差,即分裂能 Δ_o 减小。因此该类配合物为高自旋型,也说明了卤素离子配体在光谱化学序中属于弱场配体的原因。

对于含 R^3P、CN^- 等配体的配合物,其 π 成键则属于图 1-15(b) 的情况。P 原子除了利用 3s 和、3p 轨道与金属离子 d 轨道作用形成 6 分子轨道之外,其空的 3d 轨道还可以参与 π 分子轨道的形成。但是由于 P 原子 3d 轨道的能量比金属离子 3d 轨道的要高,因此形成 π 成键和 π^* 反键分子轨道时,配体 3d 轨道的能量升高成为 π^* 反键分子轨道,金属离子的 t_{2g} 轨道能量降低而成为 π 成键分子轨道,从而使得与 e_g 轨道间的能量差,即分裂能 Δ_o 增大。所以这一类配体均为强场配体,形成的配合物为低自旋型配合物。另外,由于金属离子 t_{2g} 轨道上的电子进入 π 成键分子轨道,从而使得金属离子中的 d 电子通过 π 成键轨道移向配体,这样金属离子成为 π 电子给予体,配体成为 π 电子接受体,通常将这种金属离子和配体间 π 电子的相互作用称为 π 反馈作用,形成的键称为反馈 π 键。这种同时含有 σ 配键和反馈 π 键键合类型也被称为 σ-π 配键。这种键合方式在羰基化合物中尤为显著。

羰基化合物中金属离子与 CO 之间的成键情况与上面介绍的强场配体的情况有相似之处,例如分子轨道能级分布情况相似,均导致分裂能 Δ_o 增大。但是,两者之间有显著不同。首先,CO 采用的不是简单的空的 3d 轨道,而是 CO 分子的 π^* 反键轨道与金属离子的 d 轨道作用形成 π 分子轨道。另外,由于羰基化合物中的中心原子为金属原子(零价)或金属负离子,因此相对于金属正离子而言,羰基化合物中的金属原子或金属负离子中电子特别"丰盈",而这些"丰盈"的电子通过 π 分子轨道进入配体 CO 分子的 π^* 反键轨道,形成相当强的反馈 π 键。这也就解释了羰基化合物的稳定性问题。

参考文献

[1]刘又年,周建良.配位化学.北京:化学工业出版社,2012

[2]宋学琴,孙银霞.配位化学.成都:西南交通大学出版社,2013

[3]孙为银.配位化学.北京:化学工业出版社,2004

[4]张永安.无机化学.北京:北京师范大学出版社,1998

[5]徐志固.现代配位化学.北京:化学工业出版社,1987

[6]孟庆金,戴安邦.配位化学的创始与现代化.北京:高等教育出版社,1998

[7]D. F. Shriver,P. W. Atkin s,C. H. Langfo rd. 无机化学. 高忆慈,史启祯,曾克慰,李丙瑞等译.北京:高等教育出版社,1997

[8]郭保章.中国现代化学史略.南宁:广西教育出版社,1995

[9]申泮文.无机化学.北京:化学工业出版社,2002

[10]河南大学,南京师范大学,河南师范大学,河北师范大学.配位化学.开封:河南大学出版社,1989

[11]Lehn J M. From coordination chemistry to supramolecular chemistry. *In*:Williams A F,Florianic,Merbach A E. Perspectives in Coordination Chemistry. New York:VHCA,1992,447－462

第 2 章　配合物的合成方法

　　化合物的合成是化学研究的一个非常重要的组成部分,配位化学的奠基人维尔纳所提出的配位化学概念和理论,就是建立在当时钴氨(胺)配合物的合成和拆分的基础上。因此配位化合物的合成是配位化学十分重要的内容。合成方法多种多样,但可以从合成原料、合成溶剂、合成方法、pH、合成温度、合成助剂等多方面来讨论。随着配位化学研究领域的延伸与发展,配合物的数量和种类在不断增长。目前已知的配合物数目庞大,种类繁多,合成方法亦多种多样,千差万别,而且由于各种结构新颖、性能独特的新型配合物不断涌现,一些新的特殊的合成方法也不断被开发和报道出来。总体而言,从存在形态来分,有溶液法、固相法和气相合成法;从合成条件分,有高压和低压、高温、中温和低温合成法;从反应类型分,有取代反应、异构化反应、氧化还原反应;根据实验方法分,有直接法、组分交换法、模板法等。另外,随着合成技术与手段的进步,发明了一些特殊合成方法,如极端条件下的合成方法。从目前在配合物合成中使用的方法来看,在有机和无机材料中使用的方法都有可能在配合物合成中得到应用。在本章中,我们将主要介绍经典溶液合成法,一些特殊配合物的合成,水(溶剂)热合成法,分层、扩散合成法,电化学合成法,微波合成法以及固相反应法。

2.1　经典配合物的合成与经典溶液合成法

2.1.1　经典配合物的合成

经典配合物亦称 Werner 型配合物。简单地讲,配合物的制备可分为直接法和间接法两种。所谓直接法就是由两种或两种以上的简单化合物(不是配合物)反应直接生成配合物的方法,而间接法则是从配合物出发通过取代二加成或消去、氧化还原等反应间接地合成配合物的方法。间接法有时也称诱导法[1]。

1. 取代和交换反应

利用取代和配体交换反应来合成新的配位化合物也是配合物合成中常用的一种方法。如果将 $CuSO_4 \cdot 5H_2O$ 看成是含有 $[Cu(H_2O)_4]^{2+}$ 配阳离子的配合物,那么反应

$$CuSO_4 \cdot 5H_2O + 4NH_3 \rightarrow [Cu(NH_3)_4]SO_4 \cdot H_2O + 4H_2O$$

实际上就是一个配体取代(交换)反应。发生这种配体取代(交换)反应的驱动力主要有浓度差和交换前后配体配位能力的差别等。浓度差就是加入过量的新配体或者直接使用新配体作为溶剂来进行取代(交换)反应,这样取代(交换)反应平衡就会移向右边,使反应得以顺利完成。实际应用中更多的是利用配体配位能力的差别来进行取代和交换反应,常见的有配位能力强的配体取代配位能力弱的配体和螯合配体取代单齿配体,从而生成更为稳定的配合物。这一类反应不需要加入过量的配体,通常按反应的化学计量比加入即可。对于有些反应,根据加入新配体摩尔数的不同会生成组成不同的产物。下面是具体的例子:

$$[NiCl_4]^{2-} + 4CN^- \rightarrow [Ni(CN)_4]^{2-} + 4Cl^-$$

$$[Ni(H_2O)_6]^{2+} + 3bpy \rightarrow [Ni(bpy)_3]^{2+} + 6H_2O$$

$$[Co(NH_3)_5Cl]Cl_2 + 3en \rightarrow [Co(en)_3]Cl_3 + 5NH_3$$

$$K_2[PtCl_4] + en \rightarrow [Pt(en)Cl_2] + 2KCl$$

$$K_2[PtCl_4] + 2en \rightarrow [Pt(en)_2]Cl_2 + 2KCl$$

上述几个反应代表了几种不同的情况。第一个反应中氰根离子与金属离子的配位能力比氯离子强,是典型的配位能力强的配体取代配位能力弱的反应;第二个和第三个反应则是螯合配体取代单齿配体,2,2'-联吡啶(bpy)和乙二胺(en)都是很好的螯合配体,而且从上面的反应式可以看出被取代的单齿配体可以是一

种,也可以是两种或两种以上;第四个和第五个反应显示了通过控制加入配体的量(摩尔比)可以得到组成不同配合物的例子。

另外,对于含有易水解金属离子的体系或者是含有配位能力较弱的配体,与金属离子配位时竞争不过水分子的体系,取代(交换)反应只有在非水溶剂中进行才能够顺利完成。

常用的非水溶剂有:无水乙醇、无水甲醇、丙酮、氯仿、二氯甲烷、四氢呋喃(THF)、N,N-二甲基甲酰胺(DMF)、脂肪醚类如1,2-二甲氧基乙烷、乙醚等。要求这些非水溶剂本身,与金属离子的配位能力比反应体系中参与反应的配体的配位能力要弱得多。这样才能避免溶剂分子与金属离子的配位。

2. 加合反应

简单加合反应制备配合物即属于直接法,这种反应实际上是路易斯酸、碱反应。这一类反应简单,多数是在常温常压的温和条件下完成。

例如,将 NiX_2(X 为阴离子)溶解到浓的氨水中,即可得到 $[Ni(NH_3)_6]X_2$ 晶体。又如,$CuSO_4 \cdot 5H_2O$ 和 NH_3 出发合成 $[Cu(NH_3)_4]SO_4 \cdot H_2O$ 的反应方程为:

$$CuSO_4 \cdot 5H_2O + 4NH_3 \rightarrow [Cu(NH_3)_4]SO_4 \cdot H_2O + 4H_2O$$

该反应就是在浓的硫酸铜水溶液中加入氨水,然后再加入适量的乙醇以降低产物的溶解度,即可得到配合物 $[Cu(NH_3)_4]SO_4 \cdot H_2O$ 结晶。

但是,对有些体系需要选择合适的溶剂才能得到所需要的产物,特别是有的反应需要避免使用水做溶剂。因为,水分子本身就是一类配体,若配体与金属离子间的配位作用不强,在有大量水(溶剂)存在的条件下,水分子可能会取代配体而进入生成的配合物,从而得不到所需产物。

3. 内界配体反应

当前人们很感兴趣的一类反应是配位于金属离子上的有机

分子的加合反应和取代反应。

例如,三乙酰丙酮合铬的配合物[Cr(acac)$_3$]在冰醋酸中能迅速地同溴发生反应,生成三(3-溴代乙酰丙酮基)合铬配合物。

已制得类似的碘化物、硝基化合物,以及其他金属的同类衍生物,能取代乙酰丙酮基上的活泼氢的基团还有$-NH_2$、$-N_3^+$、$-CHO$、$-COCH_3$和$-SCl$等。

4. 加成和消去反应

有些配合物可以通过加成或消去反应来合成。这种加成反应通常伴随着中心金属离子配位数和配位构型的变化,而且多数情况下还同时伴有金属离子价态的变化。最为常见的是从四配位的具有平面四边形构型的配合物通过加成反应变为五配位的四方锥形或六配位的八面体形配合物。代表性的具有平面四边形配位构型的金属离子有 Ni(Ⅱ)、Cu(Ⅱ)、Rh(Ⅰ)、Ir(Ⅰ)、Pd(Ⅱ)、Pt(Ⅱ)等,

著名的 Wilkinson 催化剂[RhCl(PPh$_3$)$_3$]就是一个具有扭曲的平面四边形配位构型的 Rh(Ⅰ)配合物。该配合物与 H$_2$ 或 Cl$_2$ 反应即可得到具有八面体构型的 Rh(Ⅲ)配合物。因此,这是一类氧化加成反应。而且这是一个可逆反应,减压条件下会发生还原消去反应,回到原来的四配位 Rh(Ⅰ)配合物。

除了上面的还原消去反应之外,还有一种是通过加热(光照)固体配合物,使之失去部分小分子或溶剂分子配体,从而形成新的配合物。

$$[Co(NH_3)_5(H_2O)](NO_3)_3 \xrightarrow{100℃} [Co(NH_3)_5(NO_3)](NO_3)_2 + H_2O\uparrow$$

$$[Cr(en)_3]Cl_3 \xrightarrow{200℃} cis-[Cr(en)_2Cl_2]Cl + en\uparrow$$

$$[Pt(NH_3)_4]Cl_2 \xrightarrow{200℃} trans-[Pt(NH_3)_2Cl_2] + 2NH_3\uparrow$$

以上反应是在加热条件下使容易失去的水、氨或乙二胺等分子从配合物中脱离,失去部分的配位位置通常被原来处于配合物外界的阴离子所占据。所以这一类反应中并不伴随金属离子价态的变化,也就是说没有发生氧化还原反应。由于反应中需要断裂配位键,因此,发生消去反应所需温度的高低是由配合物的稳定性以及配位键的强弱决定的。该类反应的另一个特点是反应前后常伴有明显的颜色变化。例如,实验室常用的硅胶干燥剂就是利用这个原理,因为硅胶干燥剂中掺有$[CoCl_4]^{2-}$而呈蓝色,当干燥剂吸水后即变为粉红色的水合钴离子,失效的粉红色硅胶通过加热脱去水后就又回到原来的蓝色,因而可以重复使用,掺入硅胶中的钴配合物实际上起着颜色指示剂的作用。

5. 氧化还原反应

虽然利用取代反应往往也可使一种惰性配合物转化为同一中心原子的另一种惰性配合物,但反应缓慢;因此利用氧化还原反应来制备惰性配合物更为合适。如用木炭为催化剂时,$CoCl_2$、NH_3、NH_4Cl、H_2O_2四种物质可生成橙色的$[Co(NH_3)_4]Cl_3$。反应易于进行是由于$[Co(H_2O)_6]^{2+}$为一种活性配离子,能够迅速地发生取代反应。

$$[Co(H_2O)_6]^{2+} + 6NH_3 = [Co(NH_3)_6]^{2+} + 6H_2O$$

而$[Co(NH_3)_6]^{2+}$的还原性较$[Co(H_2O)_6]^{2+}$强,因此易被H_2O_2氧化,即

$$2[Co(NH_3)_6]^{2+} + H_2O_2 + 2NH_4^+ = 2[Co(NH_3)_6]^{3+} + 2NH_3 + 2H_2O$$

总的方程式为：

$$[2Co(H_2O)]Cl_2 + 2NH_4Cl + 10NH_3 + H_2O_2 \xrightarrow{\text{木炭}}$$
$$2[Co(NH_3)_6]Cl_3 + 14H_2O$$

如果未用木炭催化，也可发生反应，但主要产物是氯化五氨·水合钴（Ⅲ），即

$$2[Co(H_2O)]Cl_2 + 2NH_4Cl + 8NH_3 + H_2O_2 =$$
$$2[Co(NH_3)_5H_2O]Cl_3 + 12H_2O$$

绝大多数 Co(Ⅲ) 配合物是惰性的，而 Co(Ⅱ) 配合物是活性的。因此，常由 Co(Ⅱ) 盐来制备 Co(Ⅲ) 配合物。原则上说，Cr(Ⅲ) 的许多惰性配合物也可用 Cr(Ⅱ) 盐来制备。Cr(Ⅲ) 的许多惰性配合物的制备常从铬酸盐或重铬酸盐出发，选用一种还原剂。有时加入的配位剂本身可同时起还原剂的作用。

N₂H₄ 也可用作还原剂，其独特优点是反应中一般放出氮气。此外，还原性不强的某些有机物往往也可还原某些较高氧化态时的过渡金属元素的盐类并同时作为配体。不过，这些配体能否同时表现出还原性，往往还依赖于反应时的温度等条件。

通过以上讨论可以发现，利用氧化还原反应来制备配合物并非只限于制备惰性配合物。

选用合适的还原剂可以达到制备金属元素处于异常低氧化态时的配合物的目的。广泛用于此目的的还原剂是碱金属单质的液氨溶液。反应在真空中进行以防止产品被空气氧化。如过量的钾的液氨溶液与四氰合镍（Ⅱ）酸钾反应可得黄色的四氰合镍（0）酸钾沉淀：

$$K_2[Ni(CN)_4] + 2K \xrightarrow{\text{液氨}} K_4[Ni(CN)_4]$$

$K_4[Ni(CN)_4]$ 和 $K_6[Ni(CN)_6]$ 也可用类似的方法制得。在这几种配合物中，中心原子的氧化数部可看做是 0，而这些配合物确实可表现出强的还原性，即在空气中迅速地被氧化；与水反应放出氢气。

含有一氧化碳或膦类配体的处于低氧化态的金属元素的配合物也可通过使用碱金属的液氨溶液等作为还原剂而制

得。一般认为,在这些配合物中都有反馈 π 键形成,这有利于低氧化态中心原子的存在。不过,氨作为配体时应无反馈 π 键形成,然而某些金属的氨合配离子的卤化物却也能被溶于液氨中的碱金属还原为中心原子处于氧化数为 0 时的氨合配合物。

例如,在液氨的沸点温度下,溴化四氨合铂(Ⅱ)与钾的液氨溶液反应而得黄白色的四氨合铂(0)沉淀:

$$[Pt(NH_3)_4]Br_2 + 2K = [Pt(NH_3)_4] + 2KBr$$

在配合物的制备中使用的还原剂除上述几种外,还有钠汞齐、锌汞齐、H_2PO_2、$Na_2S_2O_3$、KBH_4 以及四氢呋喃为溶剂的体系中的锂或镁等。

2.1.2 经典溶液合成法

经典溶液合成法是将反应物用一种或多种溶剂溶解,然而混合反应,可以直接或通过一段时间的反应析出固体产物,可以加热、静置合成配合物,本质是配合物在过饱和溶液中析出。经典溶液合成法看似简单,实际上如果应用好这种方法,则能合成多种多样的配合物。在配合物合成中,往往这种经典的方法是最先使用的,若这种方法不适于合成目标配合物或希望合成更多新的配合物,可以进一步选用其他方法。合成过程中多种因素会影响到配合物的合成。

采用经典溶液法合成配合物的第一步就是要选择溶剂。选择溶剂既要考虑反应物的性质,又要考虑生成物的性质,还要考虑溶剂本身的性质。具体来说,所选择溶剂要满足以下几个条件:

①能使反应物充分溶解。

②不与产物作用。

③使副反应尽量少。

④与产物易于分离。

　　水是一种价廉易得的最常用的溶剂,很多配合物是在水溶液中合成的。在水溶液中进行的所谓直接取代反应是合成金属配合物最常用的方法。这一方法利用金属盐和配体在水溶液中进行反应,其实质是用适当的配体去取代水配合离子中的水分子。

　　在经典溶液合成法中,常会发生有趣的现象,如在 Cu^{2+} /1,4-bdc/phen 体系中利用经典溶液合成法可以获得两种不同的化合物,这两种化合物分别为 $\{[Cu(1,4\text{-}bdc)(phen)(H_2O)]\cdot(H_2O)(DMF)\}_n$,这种化合物的分子结构是一维链;$[Cu(1,4\text{-}bdc)(phen)(H_2O)]$,这种化合物的分子结构是单核。

　　上述合成过程的具体方法是将 $0.5mmolCuCl_2\cdot2H_2O$ 加入到含有 0.5mmol 的 1,4-对苯二甲酸和 0.5mmolphen 的 20mLDMF 溶液中,搅拌溶液半小时,有一些沉淀生成,过滤,将滤液在室温下放置约一个月,就可以获得一种蓝色晶体,这种晶体就是 $\{[Cu(1,4\text{-}bdc)(phen)(H_2O)]\cdot(H_2O)(DMF)\}_n$;再放置两个月,晶体 $\{[Cu(1,4\text{-}bdc)(phen)(H_2O)]\cdot(H_2O)(DMF)\}_n$ 就会转变为另外一种蓝色晶体 $[Cu(1,4\text{-}bdc)(phen)(H_2O)]$,这两种晶体的结构分别如图 2-1 和图 2-2 所示。两者在放置过程中出现了晶体到晶体的转换,这种转换应该是动力学稳定的产物转化为热力学稳定的产物。

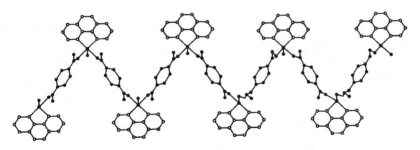

图 2-1　配合物 $\{[Cu(1,4\text{-}bdc)(phen)(H_2O)]\cdot(H_2O)(DMF)\}_n$ 的结构

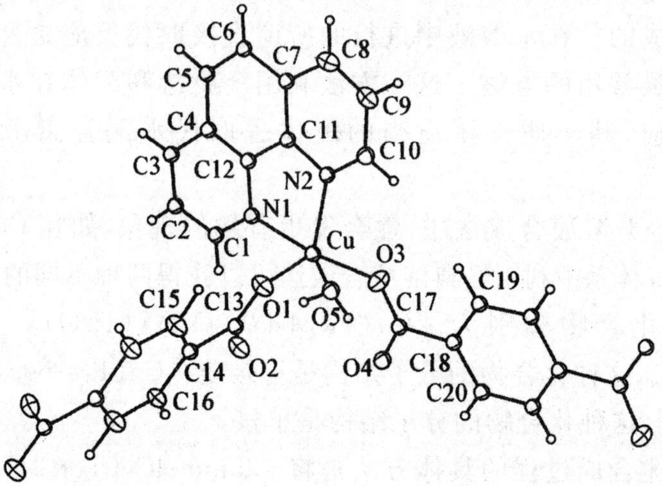

图 2-2   配合物[Cu(1,4-bdc)(phen)(H₂O)]的结构

2.2　特殊配合物的合成

在这里,我们主要以羰基化合物为例来介绍特殊配合物的合成。羰基化合物按其含有的中心原子数目的多少可以分为单核和多核羰基化合物。

1. 多核羰基化合物

含有两个或两个以上中心原子的羰基化合物称为多核羰基化合物。而且根据含有金属原子种类的多少,又可分为同多核和异多核羰基化合物。

例如,对于那些没有外界阳离子的中性配合物,加热失去配体后的空位可以通过桥联或者金属-金属直接相互作用形成多核配合物的形式得到补充,过程如下:

$$[Co_2(CO)_8] \xrightarrow{-CO} [Co_4(CO)_{12}] \xrightarrow{-CO} [Co_6(CO)_{16}]$$

其中出现的[Co₂(CO)₈]、[Co₄(CO)₁₂]等均为同多核羰基化合物,而 MnRe(CO)₁₀ 则为异多核羰基化合物。多核羰基化合物的另一个特点是除了 CO 可以作为桥联配体连接金属原子外,还可以利用 M－M 键将金属原子连接在一起。因此从一定意义上讲,多核羰基化合物也是金属簇合物。反应式

$$CoCO_3 + 2H_2 + 8CO \xrightarrow{\text{加压、147℃}} Co_2(CO)_8 + 2CO_2 \uparrow + 2H_2O \uparrow$$

代表的是从金属盐出发,利用还原剂还原的方法来制备多核羰基化合物,式

$$[Co_2(CO)_8] \xrightarrow{-CO} [Co_4(CO)_{12}] \xrightarrow{-CO} [Co_6(CO)_{16}]$$

中的反应则表明可以利用热分解的方法来得到新的多核羰基化合物。除此之外,还可以用光照的方法来合成多核羰基化合物,例如

$$2Fe(CO)_5 \xrightarrow{\text{光照}} Fe_2(CO)_9 + CO \uparrow$$

2. 二茂铁的合成

特殊配合物中除了羰基化合物之外,还有金属-烯烃、金属-炔烃以及金属茂类(夹心)化合物等,这里介绍一下二茂铁的合成,其他含烯烃、炔烃类配合物的合成,这里不再叙述。

二茂铁是由两个环戊二烯负离子 $C_5H_5^-$(常简写成 cp$^-$)和一个二价铁离子 Fe^{2+} 组成的中性化合物,分子式为 $Fe(C_5H_5)_2$ 或 $Fe(cp)_2$。从二茂铁的结构可以看出二价铁离子被夹在两个环戊二烯负离子之间,因此这一类化合物被称之为金属茂类或金属夹心化合物。通常利用无水 $FeCl_2$ 或铁粉通过以下几种方法合成二茂铁。具体过程如下:

$$FeCl_2 + 2cp + 2(CH_3CH_2)_2NH \rightarrow Fe(cp)_2 +$$
$$2(CH_3CH_2)_2NH \cdot HCl$$
$$FeCl_2 + 2Na(cp) \rightarrow Fe(cp)_2 + 2NaCl$$
$$FeCl_2 + 2(cp)MgBr \rightarrow Fe(cp)_2 + MgCl_2 + MgBr_2$$
$$Fe + 2cp \rightarrow Fe(cp)_2 + H_2 \uparrow$$

$Fe(cp)_2$ 为黄橙色晶体,熔点 173～174℃,常压下 100℃ 以上就开始升华,这一性质可以用于二茂铁的纯化。二茂铁不溶于水,但是易溶于乙醇、乙醚、苯等有机溶剂。由于其特殊的结构,

二茂铁具有一些特殊的物理和化学性质。二茂铁的主要衍生物有 $Fe(cp^*)_2 2 (cp^* = C_5Me_5)$ 以及含有三价铁离子 (Fe^{3+}) 的二茂铁阳离 $[Fe(cp)_2]^+$ 等。

3. 单核羰基化合物

因为羰基化合物中的中心原子多为零价的金属原子,因此这一类化合物可以用直接法,即金属和一氧化碳 (CO) 气体在一定的条件下直接反应而制得。含不同金属的羰基化合物所需要的反应条件也不相同,但是一般情况下都要使用活化了的金属,例如,Raney Ni 之类的新制备的活性金属粉末。

$$Ni + 4CO \xrightarrow{\text{常温、常压}} Ni(CO)_4$$

$$Fe + 5CO \xrightarrow{197℃、加压} Fe(CO)_5$$

从上面的反应式可以看出,$Ni(CO)_4$ 在常温常压下即可制得,这一过程早在 1890 年就已经发现,是发现最早的羰基化合物。$Ni(CO)_4$ 为无色液体,沸点 43℃,$Fe(CO)_5$ 则是黄色液体,熔点 20℃,沸点 103℃。

有些羰基化合物用直接法制备时需要高温高压等苛刻条件,难于实现,因此一般采用间接法来合成。对有些单核羰基化合物可以从金属盐出发,利用 CO 本身作为还原剂或者另外加入其他还原剂来还原金属盐的方法制得。常用还原剂有氢气、烷基铝、锌粉等。

$$Os + 9CO \rightarrow Os(CO)_5 + 4CO_2$$

$$Cr + 6CO \xrightarrow[Et_2O]{Et_3Al} Cr(CO)_6$$

此外,还可以从一种羰基化合物出发,与另一种金属盐反应来制备另外一种羰基化合物。例如,$W(CO)_6$ 可以用 WCl_6 与 CO 或者与 $Fe(CO)_5$ 反应得到。

$$WCl_6 + 6CO \xrightarrow{Al} W(CO)_6$$

$$WCl_6 + 3Fe(CO)_5 \xrightarrow{Et_2O} W(CO)_6 + 3FeCl_2 + 9CO \uparrow$$

2.3　水(溶剂)热合成法

在前面讨论的经典溶液法合成反应主要是在常规条件(常温或一般加热、常压)下进行的溶液反应,而且所用的反应物在水或有机溶剂中有一定的溶解度。但是这些方法有很大的局限性,比如,有些反应物在各种溶剂中不溶或难溶,因而不能通过液相合成来获得目标化合物。为此,人们开始寻找并利用新的合成方法来合成配合物,水热法和溶剂热法就是其中之一。水热、溶剂热合成现在已成为无机合成化学的一个重要的分支,在配合物合成中被广泛使用。

水热合成是指在特制的密闭反应器(高压釜)里,采用水溶液作为反应介质,通过对反应器加热,创造一个相对高温(100~1000℃)和高压(1~100MPa)的反应环境,来合成特殊的物质(化合物)以及培养高质量的晶体。有些在常温下不溶或难溶的物质,在水热反应的高温高压条件下,反应物的溶解率增大,反应活性提高,反应速率加快。适当调节水热条件下的环境气氛,有利于低价态、中间价态与特殊价态化合物的生成,有利于生长极少缺陷、取向好、完美的晶体,且合成产物结晶度高以及易于控制产物晶体的粒度。

水热反应和溶剂热反应有各自的应用范围。水热法最大的优点是不需要高温烧结就可以得到结晶粉体,可以在纳米、微米和毫米级,是一种环境污染小、成本低、易于商业化的实验方法。尽管水热反应取得了很大成功,但仍然无法掩盖这种方法的局限性。最明显的缺点就是它不能应用于对水敏感的化合物参与的反应。此外,在高温高压下有些反应物无法在水中溶解,这样反应物较低的溶解性就使得反应很难发生。为了克服水热反应的缺点,于是就有人使用有机溶剂来代替水,这就成为溶剂热合成。溶剂热法是在水热方法的基础上发展起来的一种新的材料制备方法,将水热法中的水换成有机溶剂(例如醇、有机胺、苯或四氯化碳等),采用类似水热法的原理制备在水溶液中无法生长、易氧化、易水解或对水敏感的材料。溶剂热法的优点主要体现在如下几个方面：

①在有机溶剂中进行的反应能够有效地抑制产物的氧化过程或空气中氧的污染。

②由于有机溶剂的低沸点，在同样的条件下可以达到比水热更高的气压，从而有利于产物的结晶。

③非水溶剂的采用使得溶剂热法可选择原料的范围大大扩展。

水热反应或溶剂热反应是在水热反应器中进行的。反应器可以根据反应温度、压力和反应液的量来确定，常用的有反应釜和玻璃管两种。反应釜由不锈钢外套和聚四氟乙烯内衬组成。水热、溶剂热实验中的重要因素是装满度。装满度指反应混合物占密闭反应釜的体积分数。水的临界温度是374℃，此时的相对密度是0.33，即意味30％装满度的水在临界温度下实际上是气体，所以实验中既要保证反应物处于液相传质的反应状态，又要防止由于过大的装满度而导致的过高压力（否则会爆炸）。一般控制装满度在85％以下，并在一定温度范围内工作。对于不同的合成体系，要严格控制所需要的压力。聚四氟乙烯内衬和密封垫圈在高温下会变软，高于200℃则不能使用。

水热反应合成晶体材料的一般程序：

①按设计要求选择反应物料并确定配方。

②摸索配料次序，混料搅拌。

③装釜，封釜。

④确定反应温度和时间。

⑤取釜，冷却（空气冷）。

⑥开釜取样。

⑦洗涤和干燥。

⑧样品检测（包括进行形貌、大小、结构、比表面积和晶形检测）及化学组成和晶体结构分析。

接下来，我们来看如下这个具体的例子。将1,3,5-三咪唑基苯（L2）、Ni(CH₃COO)₂·4H₂O 和 NaN₃ 按 2∶1∶2 的比例及适量的水混合加入到反应釜内，控制在 160℃ 条件下反应 24h 后，就可以得到具有绿色片状晶形的配合物 [Ni(L2)₂(N₃)₂]·4H₂O。X 射线晶体结构解析表明该化合物中每个 Ni 与来自 4 个 L2 配体的四个咪唑氮原子，以及来自两个叠氮根离子的两个氮原子配位，构成八面体配位构型，如图 2-3 所示，每个 L2 配体连接两个 Ni，另外 1 个咪唑氮原子不参与与 Ni 的配位，从而形成了具有二维层状结构的配合物如图 2-4 所示。

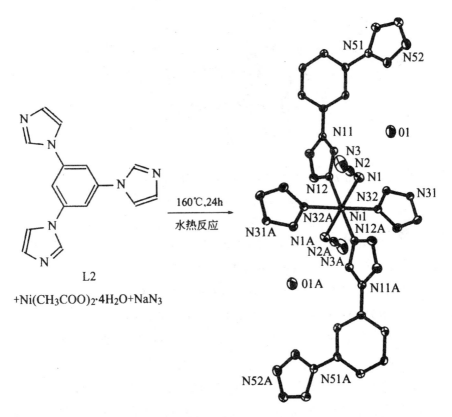

图 2-3　利用水热反应合成 [Ni(L2)₂(N₃)₂]·4H₂O 的反应式及 Ni 周围配位情况

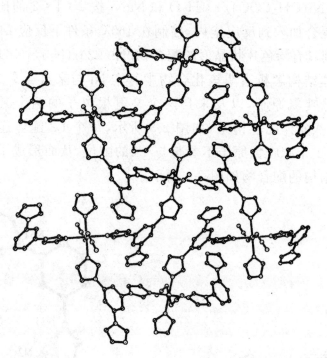

图 2-4 $[Ni(L2)_2(N_3)_2] \cdot 4H_2O$ 的二维层状

结构（省略了结晶水分子）

用同样的方法由 L2 分别与 $Cu(ClO_4)_2 \cdot 6H_2O$、$Cu(CH_3COO)_2 \cdot H_2O$、$Zn(NO_3)_2 \cdot 6H_2O$ 反应，可以得到具有类似二维层状结构的配合物，$[Cu(L2)_2(H_2O)_2](ClO_4)_2$、$[Cu(L2)_2(H_2O)_2](CH_3COO)_2 \cdot 2H_2O$ 和 $[Zn(L2)_2(H_2O)_2](NO_3)_2$ 等。

水热、溶剂热反应的特点是简单易行、快速高效（一般反应时间较短、每次可同时进行多个反应）、成本低、污染少。该方法的不足之处在于，一般情况下只能看到结果，难以了解反应过程，尽管现在有人设计出特殊的反应器，用来观测反应过程，研究反应机理，但是这方面的研究才刚刚开始，还需要一定的时间和积累，有待于进一步突破。

2.4　分层、扩散法合成配合物

分层、扩散合成法的实质是溶液分层,利用溶剂的密度差异,对包含不同原料的起始溶液进行分层,在重力作用下不同层的溶液进行扩散,扩散过程就是溶液逐渐混合的过程,将有可能产生反应物之间的反应,产生新的配合物。

由于扩散较为缓慢,有良好晶体析出的可能。常见的分层是两层或三层。这种扩散方法最好用比较细的管子来做,但太细的管子扩散时间比较长,常用的管子为 0.5cm 到 1cm 管径,管子长度则按要求可长可短(一般 25cm 长)。因为溶液的高度与原料的量成正比,通过高度的控制可以调节溶液的量、原料之间的比例以及扩散速率等。一般在使用这种方法时,先用两层,若立即在两层溶液的界面出现沉淀,则可以再引入一层溶剂中间层,通过调节溶剂层的高度可以控制扩散的速率,而且也可以通过调节溶剂层中溶剂之间的比例来控制扩散速率。溶液扩散方法中溶剂的使用十分重要;要考虑到不同溶剂之间的互溶性,因此若两种或多种溶剂的互溶性不好,则在界面的扩散不理想,不利于新化合物的形成,通常使用的溶剂组合为甲醇/水、DMF/水、甲醇/DMF 等。通过大量的溶液扩散实验发现,若将这种方法应用好,可以合成热力学稳定、动力学稳定的化合物或通过经典溶液法、水热合成方法等合成的化合物。

例如,在 Cu^{2+}/H_2sal(水杨酸)$/4,4'$-bipy 体系中,通过溶液分层扩散总共合成了六个化合物;这六个化合物如下:

①零维化合物一个,称为化合物 1,化合物 1 的分子式为 $[Cu_2(Hsal)_4(4,4'\text{-bipy})(H_2O)_2(DMF)_2]$。

②一维化合物 3 个,分别称为化合物 2、化合物 3 和化合物 4(以下依次类推),这三种的化合物分别是:化合物 2 为 $\{trans\text{-}[Cu(Hsal)_2(4,4'\text{-bipy})](DMF)\}_n$,化合物 3 为 $\{cis\text{-}[Cu(Hsal)_2(4,4'\text{-bipy})](2H_2O)\}_n$,化合物 4 为 $[Cu_2(Hsal)_4(4,4'\text{-bipy})]_n$。

③二维化合物 1 个,化合物 5 为 $\{[Cu(Hsal)_2(4,4'\text{-bipy})](H_2O)(H_2sal)\}_n$。

④三维化合物 1 个,化合物 6 为 $[Cu(sal)(4,4'bipy)]_n$。

合成使用 0.8cm 直径的管子,这些化合物的合成如下:

①化合物 1 的合成,用三层溶液,底层为 4mL 水包含 0.05mol/L 的 $Cu(CH_3COO)_2 \cdot H_2O$,中间层为 4mL DMF 溶液包含 0.05mol/L 吡嗪和 0.2mol/L 水杨酸,上层为 4mL 甲醇包含 0.05mol/L4,4'-联吡啶,几天以后得到天蓝色晶体。其结构如图 2-5 所示。

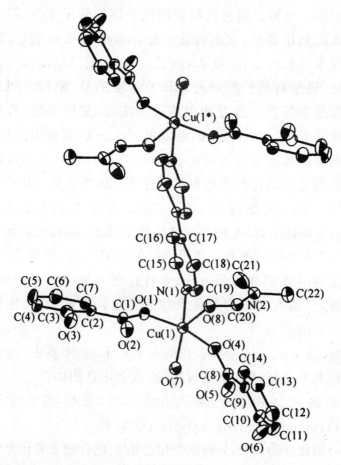

图 2-5 配合物 $[Cu_2(Hsal)_4(4,4'\text{-bipy})(H_2O)_2(DMF)_2]$ 的结构

②化合物 2 的合成,可以用两层或三层分层方法均可以获得目标化合物,两层溶液分层法如下,底层是 DMF 与水 1∶1 溶液 1.5mL,含 0.05mol/L4,4′-联吡啶,上层为 1.5mL 甲醇溶液,包含 0.05mol/L 的 $Cu(CH_3COO)_2 \cdot H_2O$ 和 0.2mol/L 水杨酸,几天后获得天蓝色晶体。其结构如图 2-6 所示。

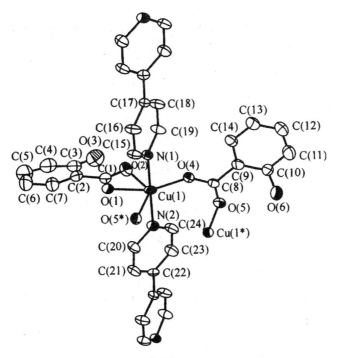

图 2-6　配合物 {*trans*-[Cu(Hsal)₂(4,4′-bipy)](DMF)}ₙ 的结构

③化合物 3 的合成,用三层溶液分层方法来合成,底层为 2.5mL 水溶液包含 0.025mol/L4,4′-联吡啶,中间层为 1.0mL 水与甲醇 1∶1 的混合溶剂,上层为 1.5mL 甲醇溶液包含 0.05mol/L 的 $Cu(CH_3COO)_2 \cdot H_2O$ 和 0.2mol/L 水杨酸,几天以后获得深蓝色晶体。其结构如图 2-7 所示。

④化合物 4 的合成,与合成化合物 3 的溶液浓度、溶剂一样,只是没有中间层。其结构如图 2-8 所示。

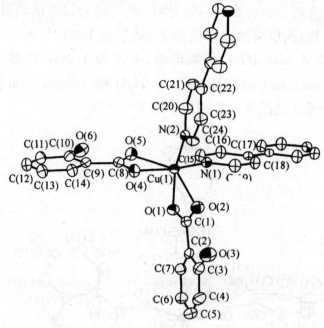

图 2-7 配合物 {cis-[Cu(Hsal)₂(4,4′-bipy)](2H₂O)}ₙ 的结构

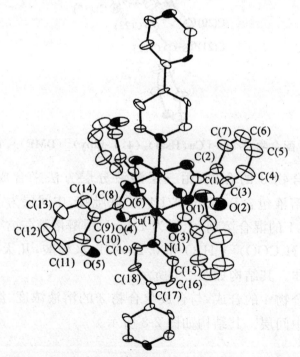

图 2-8 配合物 [Cu₂(Hsal)₄(4,4′-bipy)]ₙ 的结构

⑤化合物 5 的合成，用三层溶液分层方法进行合成，底层为 7mL 水溶液，包含 0.05mol/L 的 Cu(CH₃COO)₂·H₂O，中间层是 4mL 甲醇与水 1：1 混合溶剂，包含 0.05mol/L 吡嗪和 0.2mol/L 水杨酸，上层为 7mL 甲醇，包含 0.05mol/L4,4′-联吡啶。其结构如图 2-9 所示。

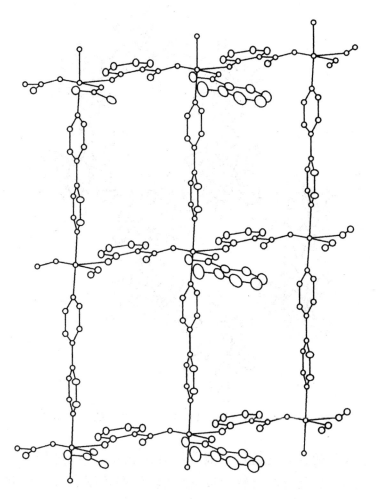

图 2-9 配合物 {[Cu(Hsal)₂(4,4′-bipy)](H₂O)(H₂sal)}ₙ 的网络结构

⑥化合物 6 的合成，用三层溶液混合法合成，底层为 5mL 水溶液，包含 0.2mol/L4,4′-联吡啶，中间层为 2mL 甲醇和水 1：1 混合

溶剂,上层为 5mL 甲醇溶液,包含 0.05mol/L 的 $Cu(CH_3COO)_2 \cdot$ H_2O 和 0.2mol/L 水杨酸,几天以后获得绿色晶体,将绿色晶体在真空条件下抽滤 2 小时,获得配合物 6。其结构如图 2-10 所示。

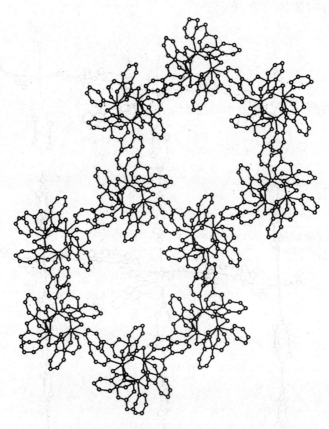

图 2-10   配合物 $[Cu(sal)(4,4'bipy)]_n$ 的三维结构

这六个配合物均通过溶液分层方法获得,合成过程中考虑合成条件充分变化对配合物合成的影响,仔细控制合成条件并做大量观察实验,最终合成出六个配合物,这六个配合物的空间维数从零维到三维均覆盖到了,而且发现有动力学与热力学稳定的产物,水杨酸的脱氢形式也有完全脱氢、脱一个氢以及以中性配体存在三种情况。通过合成的六个配合物的结构分析,可以相信应该还可以合成这个体系新的配合物。三维配合物通过甲烷储存实验,表明有很强的储存能力。从这个例子看出,只要将溶液分层方法应用好,在配合物合成中能发挥十分重要的作用。如果有耐心探索,只要运用这种溶液分层方法就可能合成你希望的目标配合物。

2.5　电化学合成法与微波合成法

2.5.1　电化学合成法

电化学合成也称电解合成,指利用电解手段在电极表面进行电极反应从而生成新物质的方法。与其他配合物合成方法相比,电化学合成法目前应用还较少,但这种方法有如下特点[2]:

①电化学合成反应无需有毒或有危险的氧化剂和还原剂,电子本身就是清洁的反应试剂,因此在反应体系中除原料和生成物外,通常不含其他反应试剂,故合成产物易分离,易精制,产品纯度高,副产物少,可大幅度降低环境污染,合成具有较高的安全性。

②在电化学合成过程中,通过改变电极电位可以合成不同的产品,同时也可以通过控制电极电势使反应按预定的目标进行,从而获得高纯度的目标产物,具有较高的产率及选择性。

③在合成过程中,电子转移和化学反应两个过程同时进行,因此与非电化学合成法相比,往往能缩短合成工艺,减少合成成本,降低环境污染。

④电化学合成法通常在常温、常压下进行,反应条件较为温和,能耗也较低。

电化学合成法在绿色化学与清洁合成中有重要的应用,因此该项合成技术发展较快,目前在工业上已得到较为广泛的应用。

配合物 $[(2,2'\text{-bipy})_2Cu(PhCOO)(ClO_4)(benzil)]$ 可以进行电化学合成,Pt 作阳极,Cu 作阴极,合成体系是 Ar 气氛,称取

0.0626 克安息香,0.0709 克 2,2′-联吡啶,0.0366 克苯甲酸溶解在 20mLCH$_3$CN 中,加入少量 Et$_4$NClO$_4$ 作为支撑电解质,起始电压为 5mA/cm^2,电解以后,溶液进行过滤,滤液室温放置数天得到蓝色晶体 [(2,2′-bipy)$_2$Cu(PhCOO)(ClO$_4$)(benzil)],其结构如图 2-11 所示。

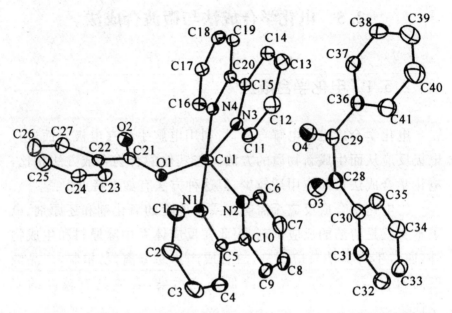

图 2-11　配合物 [(2,2′-bipy)$_2$Cu(PhCOO)(ClO$_4$)(benzil)] 的结构

在多吡啶胺金属串的制备过程中也可以使用电化学合成方法,[M$_3$(dpa)$_4$Cl$_2$] 和 [M$_5$(tpda)$_4$Cl$_2$] 等系列配合物都可以通过电化学合成方法获得其中一个金属离子为三价的新配合物,如 [M$_5$(tpda)$_4$Cl$_2$] 可以合成得到 [Co$_5$(tpda)$_4$Cl$_2$](ClO$_4$) 并通过单晶 X 衍射实验证实。因此通过电化学合成方法可以研究配合物之间电子的转移以及电子转移对于配合物结构和性质的影响。

2.5.2　微波合成法

实验表明,极性分子容易吸收微波能而快速升温,而非极性分子几乎不吸收微波能而难以升温。有些固体物质能强烈吸收微波能而被迅速加热升温,而有些物质几乎不吸收微波能,升温幅度很小。微波加热大体可以认为是介电加热效应[3]。

在微波介电加热效应中,主要起作用的是界面极化及偶极极化。影响材料介电性质的两个重要参数是介电损耗 ε',和介电常数 ε''。ε' 是电磁辐射转变为热量的效率的量度,ε'' 是用来描述分子被电场极化的能力,也可以认为是样品阻止微波能通过的能力的量度。物质在微波加热中的受热程度可以表示为

$$\tan\delta = \frac{\varepsilon'}{\varepsilon''}$$

$\tan\delta$ 被称为介电耗散因子,表示在给定的温度和频率下,一种物质把电磁能转换成热能的能力。因此微波加热机制部分地取决于样品的介电耗散因子 $\tan\delta$ 的大小。实验表明,微波介电加热的效果除取决于物体本身的 $\tan\delta$ 值之外,还与反应物的粒度、数量及介质的热容量有关。与传统加热方式相比,微波加热有以下一些特点:

①微波的直接耦合导致整体加热。

②在临界温度上加热速度极快。

③分子水平意义下的搅拌。

④可选择性加热。

微波加热有致热与非致热两种效应,前者使反应物分子运动加剧而温度升高,后者则来自微波场对离子和极性分子的洛仑兹力作用。微波加热能量大约为每摩尔几焦耳,不能激发分子进入高能级,但可以通过在分子中储存微波能量,即通过改变分子排列等焓或熵效应来降低活化自由能。由于微波是在分子水平上进行加热,因而加快了反应速率,在微波催化下许多反应速率往往是常规反应的数十倍,甚至上千倍,而且微波化学反应存在着收率高、产物容易分离、化学污染小等优点。

目前,在固相体系中微波法合成配合物也有相关文献报道,但比较少。通过研究微波辐射条件下 Co(Ⅱ)、Ni(Ⅱ)、Cu(Ⅱ)的乙酸盐与氨基酸、席夫碱、β-二酮、8-羟基喹啉等有机配体之间的

固相配位化学反应,发现微波辐射条件下的固相配位化学反应与传统加热条件下的固相配位化学反应相比,速度提高了数十倍甚至数百倍,而且微波辐射条件下的固相化学反应进行得完全,产率较高,这就为金属配合物的合成提供了一个快速而又简便的方法。在实验研究的固相配位化学反应体系中,因各反应物均不能有效地吸收微波,故在无任何引发剂存在的条件下,微波辐射对所研究的固相反应体系影响不大,为了克服这一缺点,在研究中采用了加入微量引发剂的方法。引发剂能与微波有效地偶合,因此,可使固相配位化学反应在微波辐射条件下很快进行,只要固相反应一经发生,其产物水和乙酸又可吸收微波,使反应得以继续进行并很快进行完全。

结合微波进行固相合成的典型实例是利用微波固相合成赖氨酸锌配合物,具体过程为:按物质的量之比 1∶1,准确称取赖氨酸和二水醋酸锌,混合后置于玛瑙研钵中研磨,颜色由浅棕色变为浅黄色,放入微波炉中控制一定的条件加热,温度不超过100℃,加热完毕后,再充分研磨,产物变为黄色,放入无水乙醇中浸泡,重复过滤 3 次,抽滤,干燥后即得产品。

现在微波已广泛应用到化学合成的各个领域,对微波场中的化学反应研究也取得了很大进展,但因为目前受到理论方面的局限,还不能准确阐明微波反应机理。同时,因为化学反应多是在市售微波炉中进行,不易实现连续和大规模生产,难以实现工业化。相信通过对微波反应的进一步深入研究,揭示微波场中的化学反应本质,微波化学将会有更广的应用前景。

2.6　固相法合成配合物

固相合成有低温与高温之分,在配合物合成中应用比较广泛的是低温固相合成。固相合成不使用溶剂,一般产率较高,制备方法简单。固相反应优于液相反应的几方面是:

①溶液反应一般要求反应物在溶剂中溶解,若反应物不能在溶剂中溶解,则不适用溶液法制备配合物,而固相反应就无须考虑溶解度。

②溶液反应一般要求生成的产物在溶剂中能够析出,若溶解度很大,不易获得固体产物或者在蒸发过程中不易获得高质量的晶体。

③有些反应在溶液中不能发生,但在固相合成状态却容易生成,而且反应速度较快。

④固相反应容易得到动力学控制的中间态化合物,有助于反应机理的研究。

⑤固相反应往往具有较高的产率,而有些溶液反应的产率很低。

事实上,之所以说低热是因为一般反应加热温度都不超过100℃,有的固相配位反应在室温,甚至是0℃时就可以发生。

例如,2-氨基嘧啶(AP)与 $CuCl_2 \cdot 2H_2O$ 两种固体混合,室温下很快发生以下反应并伴有明显的颜色变化。

$$CuCl_2 \cdot 2H_2O + 2AP \rightarrow Cu(AP)_2Cl_2 + 2H_2O$$

蓝色 　　　　　　 绿色

又如,4-甲基苯胺(4-MB)与 $CoCl_2 \cdot 6H_2O$ 两种固体混合,即可观测到颜色变化,稍加研磨就可以完全反应,生成配合物 $[Co(4\text{-}MB)_2Cl_2]$。

低热固相反应由于反应温度低,能耗少,同时因为不使用或少使用(有的反应后处理时需要使用)有机溶剂,可减少对环境的污染,因此符合绿色化学理念,具有开发、利用的潜力。

到目前为止,利用低热固相反应合成得到了多个系列的 Mo(W、V)-Cu(Ag)-S 原子簇化合物。其中包括具有中性和离子型类立方烷,如图 2-12(a)所示;开口(鸟巢状)和半开口类立方烷,如图 2-12(b)所示;双鸟巢状和二十核笼状等不同骨架结构的原子簇化合物,如图 2-12 的(c)和(d)所示。我们可以研究它们的结构、形成规律和机理以及非线性光学性质等。

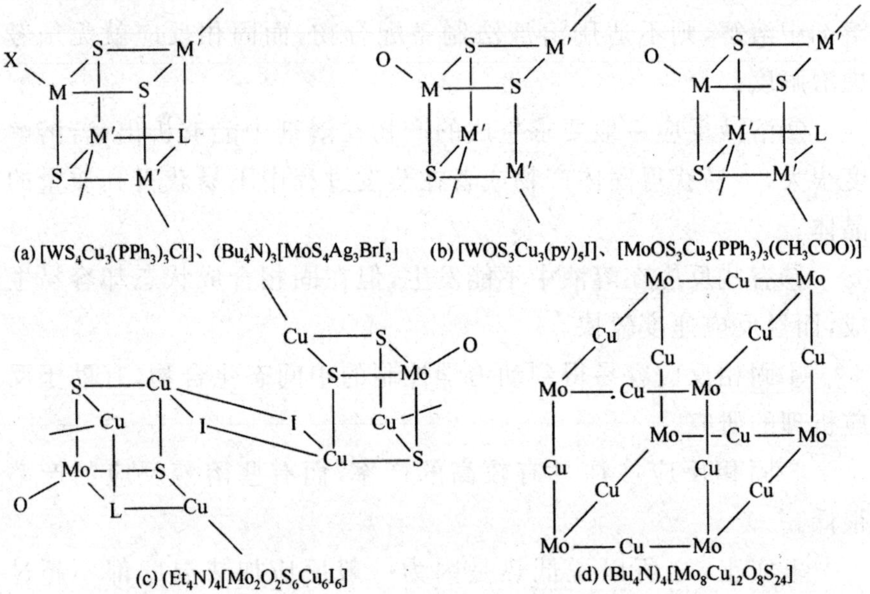

(a) [WS₄Cu₃(PPh₃)₃Cl]、(Bu₄N)₃[MoS₄Ag₃BrI₃]   (b) [WOS₃Cu₃(py)₅I]、[MoOS₃Cu₃(PPh₃)₃(CH₃COO)]

(c) (Et₄N)₄[Mo₂O₂S₆Cu₆I₆]   (d) (Bu₄N)₄[Mo₈Cu₁₂O₈S₂₄]

图 2-12　部分利用低热固相反应合成的原子簇化合物的骨架结构

除了原子簇化合物之外,近年来人们又开始了利用低热固相反应制备纳米材料的研究,并已经取得了一定的进展,有兴趣的读者可以查阅相关资料。

参考文献

[1]孙为银.配位化学.北京:化学工业出版社,2010

[2]朱龙观.高等配位化学.上海:华东理工大学出版社,2009

[3]刘又年,周建良.配位化学.北京:化学工业出版社,2012

[4]河南大学,南京师范大学,河南师范大学,河北师范大学编.配位化学.开封:河南大学出版社,1989

[5]Liu S L,Wen C L, Qi S S et al. Synthesis and photoluminescence properties of novel europium complexes of 2-hydroxyacetophenone and 4,6-diacetylres-orcinol. Spectrochim. Acta Part A,2008,69:664~669.

[6]GalemaSA. MicrowaveChemistry. Chem. Soc. Rev. ,1997,26

（3）：233～238

　　[7]Yao X B,Zheng L M,Xin X Q. Synthesis and characterization of solid-coordination compoundsCu (AP)$_2$Cl$_2$. J. Solid State Chem. ,1995,117:333～336

　　[8]贾殿赠,杨立新,夏熙,忻新泉.微波技术在固相配位化学反应中的应用研究：Co(Ⅱ)、Ni(Ⅱ)、Cu(Ⅱ)配合物在微波条件下的固相合成.高等学校化学学报,1997,18(9):1432～1435

　　[9]孟庆金,戴安邦.配位化学的创始与现代化.北京：高等教育出版社,1998

　　[10]徐志固.现代配位化学.北京：化学工业出版社,1987

　　[11]张永安.无机化学.北京：北京师范大学出版社,1998

第3章 金属有机配合物及其应用

金属有机化合物又称有机金属化合物,是指金属原子与有机基团中的碳原子直接键合而成的化合物。金属有机化合物是介于无机化合物与有机化合物之间的一类化合物。目前,金属有机化合物的定义已大大扩展,除了含金属-碳键($M-C$)的化合物,周期表中 VA 族的 P、As、Sb、Bi 以及 B、Si、Se 等准金属与碳直接键合的化合物,通常也按金属有机化合物处理。值得注意的是,有些化合物虽然也含有金属-碳键,但属于无机化合物范畴。但金属氢化物,尤其是过渡金属氢化物包括在金属有机化合物中。

3.1 金属羰基配合物及其应用

3.1.1 金属羰基配合物

1. 西奇威克有效原子数规则及 16 电子、18 电子规则

自 $Ni(CO)_4$ 和 $Fe(CO)_5$ 被合成以来,金属羰基化合物的电子结构以及成键方式一直是人们研究的热点。最初,认为 $Ni(CO)_4$ 和 $Fe(CO)_5$ 可能具有类似于有机化合物的环状结构。然而研究表明,这类化合物应是金属与 CO 配位而成的配合物。羰基金属化合物中金属将通过与适当数目的 CO 配位,从而使它达到惰性气体的电子数。在此基础上,进一步提出了 18 电子规则或惰性气体定律。目前该定律被广泛运用,并在预测化合物结构、解释其成键方式、判断化合物稳定性等方面取得了一定的成功。

在讨论 16 电子、18 电子规则之前,我们首先简单介绍一下西

奇威克有效原子数规则。西奇威克有效原子数规则认为:在形成配位键时,过渡金属离了总是力图获得适当数日的电子以使其具有对应的惰性气体结构。在这个理论中,西奇威克沿用路易斯理论中的有效原子序数(EAN)概念来表示配离子中总的电子数。他认为形成配合物时中心过渡金属离子的有效原子序数应和相对应的惰性气体元素的原子序数相近。但是,EAN 概念在经典配位化学中的意义并不大,也没有在经典配位化学领域得到广泛应用。

所谓 16 电子、18 电子规则就是凡价电子层中含有 16、18 个电子的金属有机化合物是较稳定的,它也可以表述为金属有机化合物中的金属 d 电子与配体的配位电子数之和不超过 18 个。这个规则是基于这样一个实验事实,即当金属参与成键的 $(n-1)d$、ns 和 np 轨道完全充满电子,电子数为 18 个时,其电子构型比较稳定。18 电子规则中,金属有机化合物的金属价电子数(NVE)对于电中性的化合物是金属的价电子数与配体所提供的电子数之和。对于带电荷的化合物,NVE 是价电子数与配体所提供的电子数之和加上或减去化合物所带电荷。对于配体所提供的电子,形成一个共价键,提供一个电子;形成一个配位键,提供两个电子;形成不饱和的 η^n 键,提供 n 个电子[1]。

16 电子、18 电子规则可以预测过渡金属有机化合物的结构。然而,也存在不符合 16 电子、18 电子规则的金属有机化合物。这是由于 16 电子、18 电子规则的基础是:过渡金属的 ns、np 和 $(n-1)d$ 轨道具有近似的能量。但是,随着过渡金属原子序数的增加,轨道能量增加的幅度并不相同。其中,ns、np 轨道能量变化速率基本相同,而 $(n-1)d$ 轨道的能量增加得相对较快。引起周期表两端的过渡金属的 ns、np 和 $(n-1)d$ 轨道能量的近似性下降,从而不满足 16 电子、18 电子规则。

2. 金属羰基配合物及其结构特点与成键规律

以 CO 分子为配体的配合物习惯上称为羰基配合物。L. Mond

等于 1890 年发现了第一个金属羰基配合物——四羰基合镍 [Ni(CO)₄]。第一过渡系中从钒到镍,第二过渡系中从钼到铑,第三过渡系中从钨到铱等元素都能和 CO 形成羰基配合物。金属羰基配合物按照金属原子的个数可以分为简单金属羰基配合物和多核金属羰基配合物。多核金属羰基配合物目前一般归为原子簇合物。在这里,我们来讨论金属羰基配合物的结构特点和成键规律。

(1)金属羰基配合物的结构特点

对简单金属羰基配合物来说,因羰基数目的不同,配合物的空间结构也不同,主要有四面体、三角双锥及八面体三种方式,如图 3-1 所示。

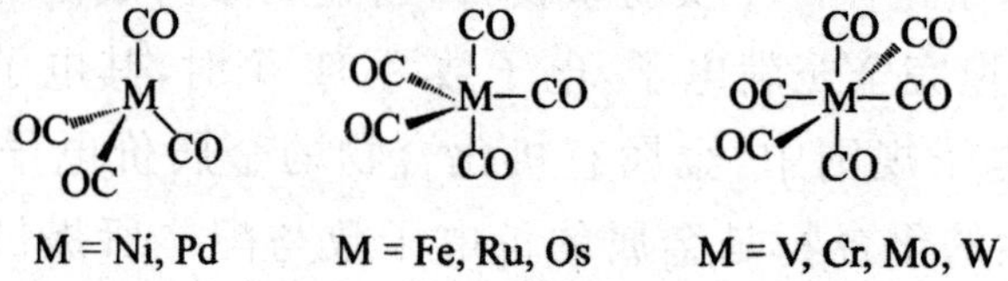

M = Ni, Pd   M = Fe, Ru, Os   M = V, Cr, Mo, W

图 3-1 简单金属羰基配合物的空间结构

(2)金属羰基配合物的化学键

在金属碳基配合物中,CO 的碳原子提供孤电子对,与金属原子形成 σ 配键。但是,如果只生成通常的 σ 配键,由配位体给予电子到金属的空轨道,则金属原子上的负电荷会积累过多而使羰基配合物稳定性降低,这与羰基配合物的稳定性不符。CO 是金属有机化学中最常见的 σ 电子给予体和 π 电子接受体,它通过 C 原子与金属原子成键。CO 的分子轨道如图 3-2 所示。CO 的最高占有轨道 σ_{2p} 与金属原子 M 能够形成 σ 配位键,电子由碳流向金属(M←CO)。同时,CO 的 π_{2p}^* 空轨道与金属原子具有 π 对称性的 d 轨道重叠,接受金属原子提供的电子(M→CO),这种 π 键是由金属原子单方面提供电子到配位体的空轨道上,称为反馈 π 配键,如图 3-3 所示。这种反馈 π 键的形成减少了由于生成 σ 配键而引起的中心金属原子上过多的负电荷积累,从而促进 σ 配键的形成,它们相辅相成,互相促进,其结果比单独形成一种键时强得多,从而增强了配合物的稳定性。

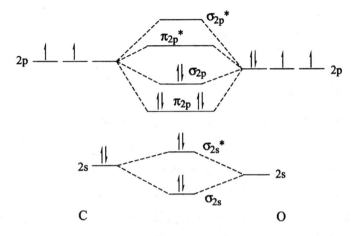

图 3-2　CO 分子轨道的能级示意图

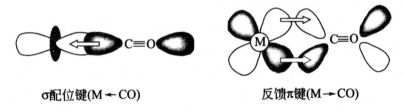

σ配位键(M ← CO)　　　反馈π键(M → CO)

图 3-3　金属羰基配合物的反馈键形成示意图

金属羰基配合物的成键特点也可以从 IR 光谱及原子间的键长得到验证。通常一个化学键的 IR 吸收频率较高说明该键较强;反之,IR 吸收频率向低频移动则说明该键被削弱了。未配位的 CO 伸缩振动频率在 $2143cm^{-1}$,形成金属羰基配合物以后,CO 伸缩振动频率降至 $2000cm^{-1}$。左右,因此 CO 配位以后 C—O 键被削弱。配位前 CO 的 C—O 键长为 112.8pm,形成金属羰基配合物后,C—O 键长为 114~116pm,较配位前稍有增长。而羰基配合物中的 M—C 键长在 181~206pm 之间,比正常的 M—C 键长 218pm 明显缩短。

3.1.2 金属羰基化合物的性质、反应及制备

1. 金属羰基配合物的通性

在目前已合成出的几千种金属羰基化合物中,包含了几乎所有的过渡金属。在这些羰基化合物中,金属都处于低氧化态,大多数为 0 价,甚至为 -1 价。根据含金属离子的个数可分为单核和多核羰基化合物。同一类型的羰基化合物其物理化学性质也很接近。常温常压下,铁和镍的羰基化合物是液体,而所有其他常见金属羰基化合物都是固体。除 $V(CO)_6$ 外,所有的单核羰基化合物均为无色或白色,都具有挥发性,蒸气压的范围从 $Ni(CO)_4$ 的 350Torr 到 $W(CO)_6$ 的 0.1Torr。因此操作时必须小心,以防止吸入或沾在皮肤上。

多核羰基化合物都具有颜色,且随金属原子个数增加而逐渐加深。颜色主要是由定域在金属骨架上轨道之间的电子跃迁引起的。表 3-1 中列出了某些二元羰基化合物的性质。大多数羰基化合物具有低熔点、难溶于水,可溶于有机溶剂。这些性质表明羰基化合物是典型的共价物。与其他有机金属化合物相比,大多数羰基化合物的热稳定性大,不易发生氧化、离解和取代反应,但较易发生还原反应[2]。

表 3-1 二元羰基化合物的性质

配合物	颜色	熔点(℃)(分解温度)	其他性质
$V(CO)_6$	墨绿	70	易还原,顺磁性,溶液中呈橙色
$Cr(CO)_6$	白	130	易升华,在空气中稳定
$Mo(CO)_6$	白	180～200	易升华,在空气中稳定
$W(CO)6$	白	180～200	易升华,在空气中稳定
$Fe(CO)_5$	黄	-20	沸点 103℃,热稳定性较大
$Ru(CO)_5$	无	-22	易挥发,光催化下转化为 $Ru_3(CO)_{12}$
$Os(CO)_5$	无	-15	易挥发,易转化为 $Os_3(CO)_{12}$

续表

配合物	颜色	熔点(℃)(分解温度)	其他性质
$Ni(CO)_4$	无	−25	沸点 43℃,极毒,易分解为金属
$Mn_2(CO)_{10}$	金黄	154	易升华,易还原
$Fe_2(CO)_9$	金黄	100	不溶于有机溶剂
$Co_2(CO)_8$	橙	51	

2. 金属羰基配合物的反应

(1)取代反应

金属羰基配合物中的 CO 可以被一些配位能力更强的其他配体取代,产物一般为混合配体的金属羰基配合物,这也是制备混合配体金属羰基配合物的方法。在适当反应条件下,可以取代任意数目的 CO,但很少能被完全取代。

(2)加成反应

金属羰基配合物可以在适当条件下,直接与卤素进行加成反应,生成高配位的衍生物。金属羰基配合物还可以与含烯基的分子进行加成反应,如与含乙烯基的高分子反应。

(3)热分解反应

将金属羰基配合物加热至较高温度时,它们会发生分解反应,生成金属与 CO。利用这一反应特性可以用来分离或提纯金属。首先将金属制成羰基配合物,然后使之挥发与金属中的杂质分离,得到纯的金属羰基配合物。再将该羰基配合物加热分解,即可制得很纯的金属。

(4)过渡金属羰基阴离子的反应

过渡金属羰基阴离子是一个很有用的有机合成试剂,作为亲核试剂,它能与卤代烷、酰氯等反应生成烷烃、醛、酮及羧酸衍生物等。

3. 金属羰基化合物的制备

单核金属羰基化合物主要是通过金属与 CO 直接反应或还

原羰基化反应得到的,只有 Ni 与 CO 在常温下反应,而 Fe 和 CO 则需在一定的温度和压力下反应:

$$Fe + CO \xrightarrow{200℃,200atm} Fe(CO)_5$$

$$Ni + CO \xrightarrow{RT,1atm} Ni(CO)_4$$

而其他不能由直接法合成的羰基化合物则是在 CO 存在下还原高氧化态过渡金属的氧化物、卤化物而制得的:

$$CrCl_3 + RMgX + CO \longrightarrow Cr(CO)_6$$

$$VCl_3 + Na + CO \longrightarrow V(CO)_6$$

还可以用歧化反应来制备金属羰基化合物:

$$2NiCN + 4CO \longrightarrow Ni(CO)_4 + Ni(CN)_2$$

多核羰基化合物可用和单核羰基化合物同样的方法合成:

$$CoCO_3 + CO + H_2 \xrightarrow[120\sim150℃]{250\sim300atm} Co_2(CO)_8 + CO_2 + H_2O$$

或由阴离子型羰基化合物和卤化羰基化合物反应来制备:

$$[Mn(CO)_5] + XM'(CO)_y \xrightarrow{zCO} MnM'(CO)_{x+y+z} + X^-$$

阴离子型羰基化合物的数量远远超过简单的中性羰基化合物,也大大超过阳离子型羰基化合物。这是因为阴离子过剩的负电荷可以通过反馈键分散到整个分子,从而加强了 M−C 键。而相反的,阳离子则会导致 M−C 键的削弱。

阴离子型羰基化合物可以通过中性金属羰基化合物在碱的作用下或以碱金属还原来制备:

$$Fe(CO)_5 + 4OH^- \longrightarrow Fe(CO)_4^{2-} + CO_3^{2-} + 2H_2O$$

$$Mn_2(CO)_{10} + Na \longrightarrow Na[Mn(CO)_5]^-$$

也可用已知的阴离子羰基化合物,通过亲核反应制备新的阴离子羰基化合物。多核金属羰基阴离子化合物也可用和单核化合物类似的方法合成。

3.1.3　金属羰基配合物在催化合成中的应用

金属羰基配合物在有机催化领域中占有重要的地位,许多金属羰基配合物及其衍生物都具有优良的催化性能。在烯烃的氢甲酰化反应中,所有能形成羰基配合物的金属都是潜在的催化剂,其中羰基钴配合物 $Co_2(CO)_8$ 曾经是该反应最重要的催化剂,目前 $Co_2(CO)_8$ 在氢甲酰化反应生产醛工业上仍占有很大比重。如图 3-4 所示是烯烃氢甲酰化反应,$Co_2(CO)_8$ 在该反应中作为催化剂前体,首先转化为 $HCo(CO)_4$,$HCo(CO)_4$ 失去一个 CO 后得到催化活性物种 $HCo(CO)_3$ 进入到催化循环中。但 $HCo(CO)_3$ 不稳定,极易分解成 Co 和 CO。为保证催化活性物种 $Co_2(CO)_8$ 的稳定性,需要将原料合成气压力维持在一个高压状态($20 \sim 30MPa$)。

研究人员用叔膦置换了两个 CO,得到 $Co_2(CO)_6(R_3P)_2$,并证明催化活性物种是 $HCo(CO)_3R_3P$,使用该催化剂可使氢甲酰化反应能在 $0.8 \sim 1MPa$ 下即可进行,并且产物中正构醛的比例大大提高。后来,又有人用 Wilkinson 配合物 $Rh(Ph_3P)_3Cl$ 为催化剂,催化活性物种为 $HRh(CO)(Ph_3P)_3$,其结构及机理如图 3-5 所示。这一铑膦催化剂的活性比钴膦催化剂高 $10^2 \sim 10^3$ 倍,而且反应压力也较低,成为了性能优良的氢甲酰化反应催化剂。

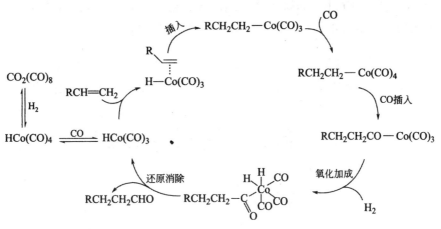

图 3-4　羰基钴催化烯烃氢甲酰化反应

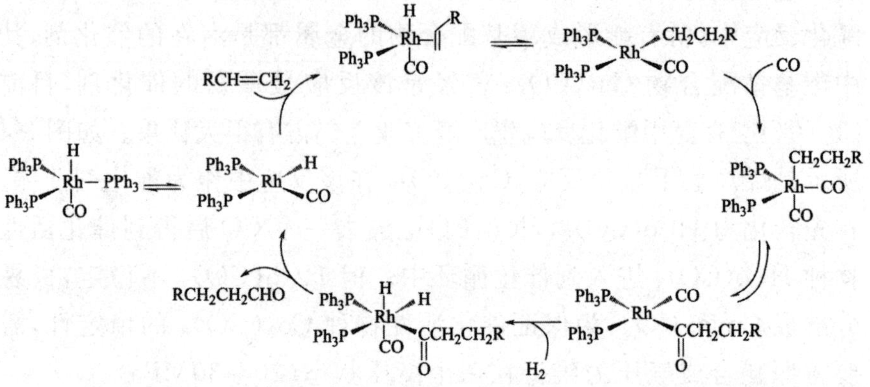

图 3-5　HRh(CO)(Ph₃P)₃催化烯烃氢甲酰化反应机理

羰基钼 $Mo(CO)_6$ 可作为烯烃环氧化反应的催化剂。羰基镍 $Ni(CO)_4$ 能催化炔烃羰基化反应生成羧酸（Reppe 反应）。比如催化乙炔生成丙烯酸的反应条件为 $180\sim205℃$、$1\sim5.5MPa$，产率可达 95%。$Ni(CO)_4$ 催化羰基化反应的活性很高，但其缺点是毒性太大，因此工业上常用 $NiCl_2/CuI$ 体系，在反应过程中原位生成 $Ni(CO)_4$。除了 $Ni(CO)_4$，Reppe 反应的催化剂还可以是 Fe、Co、Rh、Pt、Pd 的羰基配合物，其他过渡金属 Cu、Ru、Os、Mn 的羰基配合物也有活性。$Ni(CO)_4$ 催化羰基化的反应为

$$HC\equiv CH+CO+H_2O \xrightarrow{Ni(CO)_4} CH_2=CHCOOH$$

在醇的羰基化反应中也有使用金属羰基配合物作为催化剂的。

3.2　金属原子簇合物及其应用

3.2.1　原子簇合物

1. 原子簇合物及其分类

原子簇化学是 20 世纪 60 年代迅速发展起来的一个十分活跃的新兴化学研究领域。原子簇的概念最初是由 F. A. Cotton 于

1966 年提出来的,他定义原子簇为含有直接而明显键合的两个或两个以上的金属原子的化合物。原子簇合物由于在性质、结构与成键方式等方面的特殊性,引起了合成化学、理论化学和材料化学的极大兴趣。现已发现,某些原子簇合物具有特殊的电学性质、磁学性质、催化性能及生物活性。随着研究的深入,人们不断开发出原子簇合物的新用途,原子簇化学必将展现出更加蓬勃的生机。1982 年,徐光宪教授提出原子簇为三个或三个以上的有限原子直接键合组成多面体或缺顶多面体骨架为特征的分子或原子,对我国乃至世界的相关领域产生了深远的影响。

虽然一些金属原子簇合物分子中不含金属-碳键,但金属原子簇合物中最重要、数量最大的一类化合物,即金属-羰基原子簇合物是典型的金属有机化合物。

原子簇合物可以分为两大类,即金属原子簇合物和非金属原子簇合物。

(1)金属原子簇合物

金属原子簇化学的研究始于 1960 年前后,虽然至今只有四五十年的历史,但是它却以惊人的速度发展着,目前已成为无机化学研究的前沿领域之一。金属原子簇合物的种类很多,按金属原子数分类,有二核簇合物、三核簇合物、四核簇合物等;按配体类型分类,则有羰基簇合物、含卤素簇合物、含硫族簇合物等;按成簇原子类型可分为同核簇合物与异核簇合物;按结构类型可分为开式结构多核簇合物与闭式结构多核簇合物。

(2)非金属原子簇合物

硼烷类化合物是典型的非金属簇合物。20 世纪 50 年代 Lipscomb 等人采用分子轨道理论提出了硼氢化合物中的三中心二电子键结构,并提出了拓扑法处理硼氢化合物,圆满地解决了硼烷和碳硼烷类化合物的分子结构。1985 年首次报道的 C_{60} 及后来研究的许多具有笼状结构的富勒烯化合物属于另一类重要的非金属原子簇合物——碳原子簇合物。目前研究表明,除硼、碳外,磷、硫、硒、碲等非金属元素也可形成原子簇合物,但这些非金属原子簇合物研究较少。

2. 金属原子簇合物的成键

金属原子簇合物最根本的结构特征就是含有金属-金属键，以 M－M 表示。因此分子中含有 M－M 键的化合物均可看作金属原子簇合物。金属原子簇合物中的金属原子氧化数通常较低，低氧化数使得金属-金属容易成键。在低价过渡金属卤化物的簇状化合物中，金属原子氧化数通常为＋2 或＋3。

在过渡金属原子簇合物中，M－M 键的存在与否可以通过如下三个方面来进行判断：

（1）键能

通常认为 M－M 键能在 80kJ/mol 以上的化合物才是簇合物。但是簇合物键能数据很不完善，尤其是高核簇合物中键能测定更加困难，同时由于采用不同的方法测得的键能数据差别较大，因此通常要根据化合物的结构特征来判断 M－M 键的存在并粗略估计其强度。

（2）键长

键长是判断化合物中 M－M 键是否存在的重要标准，如果化合物中的金属原子间的距离比在纯的金属晶体中要小很多，且无桥基存在，说明有 M－M 键生成。但采用这种方法判断时需要注意金属氧化态和桥基配体对金属键长的影响。

（3）磁矩

当 M－M 键生成以后，电子自旋成对，导致化合物磁矩减小，甚至变为零，磁化率数值此时发生变化。由于磁化率比较容易测定，所以磁化率可以作为 M－M 键是否存在的重要判据之一。需要注意的是，在较重的过渡金属元素中，由于存在自旋-轨道耦合。也会导致磁化率降低。

总之，判断是否存在 M－M 键需要结合几种结构参数来考虑，有时还须考虑化合物的光谱数据来进行综合分析，才能得出正确的结论。

在金属原子簇合物中,金属与配体之间存在如下三种常见的键合方式:

①端式,即配体通过一条直线或近似直线的 M-A-B(A、B 为配体)单元端式连接于一个金属原子。

②桥式,即配体双重桥联于两个金属原子之间,配位分子轴和 M-M 轴相互垂直或基本垂直。

③帽式,即配体多重桥联于几个金属原子之间,配位分子轴垂直于或接近垂直于金属原子所在的平面。

3. 金属原子簇合物的结构

根据所含金属及金属键数目的多少,金属原子簇合物可以分为双核、三核、四核、五核、六核以及更多核的结构类型。表 3-2 列出了金属原子簇合物的一些比较常见的空间结构及簇合物实例。

表 3-2　金属原子簇合物的主要结构类型

类型	空间结构	空间结构图	举例
双核	直线形(1 个 M—M 键)		$Co_2(CO)_8$,$Re_2Cl_8^{2-}$
三核	直线形(2 个 M—M 键)		$Mn_2Fe(CO)_{14}$,$[Mn_3(CO)_{14}]^{3-}$
	V 形(2 个 M—M 键)		$(CH_3N_2)[Mn(CO)_4]_3$
	三角形(3 个 M—M 键)	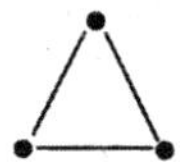	$Fe_3(CO)_{12}$,Re_3Cl_9
四核	四面体(6 个 M—M 键)	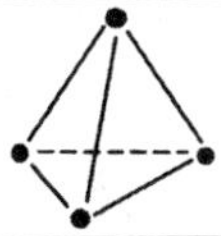	$FeRuOs_2(\mu_2-CO)_2(\mu_2-H)_2(CO)_{11}$
	四边形(4 个 M—M 键)		$Co_4(CO)_{10}(\mu_4-S)_2$,$[Re_4(CO)_{16}]^{2-}$
	蝶形(5 个 M—M 键)	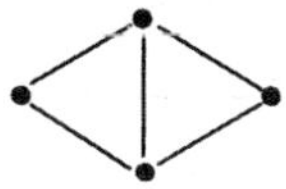	$Fe_4(CO)_{13}C$,$[HFe_4(CO)_{13}]^-$

类型	空间结构	空间结构图	举例
五核	三角双锥（9个 M—M 键）		$Os_5(CO)_{16}$，$[Ni_5(CO)_{12}]^{2-}$
	四方锥（8个 M—M 键）		$Fe_5(CO)_{15}C$，$[Ru_5N(CO)_{14}]^-$
六核	八面体（12个 M—M 键）		$Zr_6(\mu\text{-}Cl)_{12}Cl_{12}(PR_3)_4$
	三棱柱（9个 M—M 键）		$[Pt_6(CO)_6(\mu_2\text{-}CO)_6]^{2-}$，$[CO_6C(CO)_{15}]^{2-}$
	反三角棱柱（12个 M—M 键）		$[Ni_6(CO)_6(\mu_2\text{-}CO)_6]^{2-}$
	加冠四方锥（11个 M—M 键）		$H_2Os_6(CO)_{18}$，$Os_6(CO)_{17}S$
	加冠三角双锥（1—2个 M—M 键）		$Os_6(CO)_{17}(Ph_3P)$，$Os_6(CO)_{16}(MeCCEt)$

3.2.2　金属-羰基原子簇合物

金属-羰基原子簇合物是指配体为 CO 的金属原子,特别是过渡金属原子簇合物,这是目前数量最多、发展最快、也是最重要的一类金属原子簇合物之一。

1. 金属-羰基原子簇合物的结构

金属-羰基原子簇合物根据其所含金属原子数目也可以分为双核、三核、四核、五核、六核、甚至更多核等许多种结构类型。既可以是含相同金属中心的同核羰基金属簇合物,也可以是含不同金属中心的异核羰基金属簇合物。

(1)双核金属-羰基原子簇合物

双核金属-羰基原子簇合物中含有一个 M−M 键,两个金属原子之间既可以通过 CO 配体桥联,也可以不含桥联配体。

如图 3-6(a)所示,$Co_2(CO)_8$ 在固态时采取的是桥式结构,分子中有 6 个 CO 配体为端式键合,每个 Co 原子上分别连接 3 个 CO,还有 2 个 CO 在两个 Co 原子间作为桥联基团。如图 3-6(b)所示,当 $Co_2(CO)_8$ 溶解在烃类溶剂中时则以非桥式结构存在。这两种构型的相对稳定性可能受晶格能和溶剂化能的影响。由于桥式和非桥式结构的能量相差很小,因此在环境的微小变化中,容易相互转化,即所谓立体化学上的非刚性。

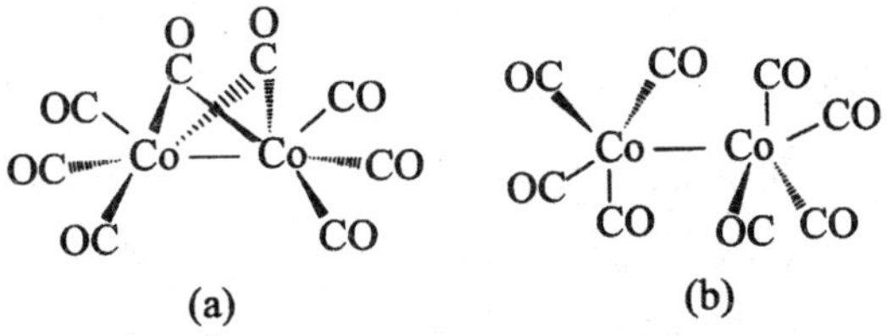

(a)　　　　　　(b)

图 3-6　$Co_2(CO)_8$ 的结构

（2）多核金属-羰基原子簇合物

多核金属-羰基原子簇合物结构的基本骨架一般是由金属原子构成的三角形。由于存在金属-金属键及 CO 可以按端式、桥式或帽式与金属原子配位，使得多核金属-羰基原子簇合物的空间结构变得非常复杂。

三核金属-羰基原子簇合物中含有三个金属-金属键，可以形成直线链状、V 形或三角形结构，但一般以三角形为主。例如，在 $Fe_3(CO)_{12}$ 结构中，有 2 个 CO 配体通过桥联方式与 Fe_3 三角形一条边上的 2 个 Fe 原子键合，其余 CO 则以端式与 Fe 原子键合，如图 3-7(a)所示。$Ru_3(CO)_{12}$、$Os_3(CO)_{12}$ 的结构与 $Fe_3(CO)_{12}$ 类似，但在 M—M 上无羰基桥联，如图 3-7(b)所示。四核羰基金属簇合物大多为四面体构型。在 $Co_4(CO)_{12}$ 的分子结构中，含有 6 个 Co—Co 键，3 个 CO 配体以桥联方式与 Co 配位，其余 9 个 CO 则以端式与 Co 原子键合，如图 3-7(c)所示。异核羰基金属簇合物 $H_2FeRu_3(CO)_{13}$ 中，Fe 原子与 3 个 Ru 原子共同组成一个畸变四面体骨架。两个 CO 以端式与 Fe 键合，还有 2 个 CO 以桥式分别与 Fe、Ru 原子键合，每个 Ru 原子上还均有 3 个 CO 作为端基。此外，该簇合物分子中还有 2 个 H 原子作为桥基分别与 2 个 Ru 原子相连，如图 3-7(d)所示。五核羰基金属簇合物的骨架结构主要有三角双锥和四方锥两种。$[Ni_5(CO)_{12}]^{2-}$ 中 5 个 Ni 原子组成三角双锥，轴向两个顶点上每个 Ni 原子有 3 个端式键合的 CO，三角形平面上的每个 Ni 原子各有 1 个端式键合的 CO，还与另一个 Ni 原子共享 1 个桥式 CO 配体，如图 3-7(e)所示。在 $Fe_5(CO)_{15}C$ 中，5 个 Fe 原子构成一个正方锥，每个 Fe 原子均与 3 个 CO 端式键合，没有桥联配体。在底面的中心配位着 1 个碳原子，如图 3-7(f)所示。这是第一个多原子簇碳化物，此后迅速发展成为一大类的簇状配合物。六核羰基金属簇合物的骨架结构以八面体为主，八面体也是多核簇合物最为普遍的结构形式。例如，$Rh_6(CO)_{16}$ 中的 6 个 Rh 原子形成一个典型的高对称八面体，每个 Rh 原子上各有 2 个端式键合的 CO，在八面体的三角形面上对称地连接有 4 个 CO 配体，每个 CO 均与三角形面上的 Rh 原子桥联,如图 3-7(g)所示。理想的正八面体构型并不多见,通常八面体骨架上有不同程度的变形。例如,$[Pt_6(CO)_6(\mu_2\text{-}CO)_6]^{2-}$ 的骨架构型为三棱柱体,如图 3-7(h)所示,$[Ni_6(CO)_{12}]^{2-}$ 的骨架构型为反三角棱柱体,如图 3-7(i)所示。

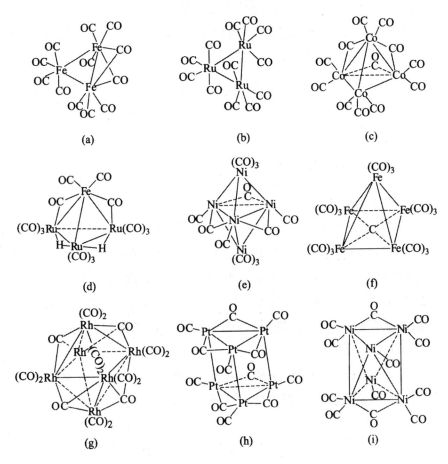

图 3-7　核金属-羰基原子簇合物的空间构型

除了以上多核金属—羰基原子簇合物之外,还有七核、八核、九核、十核,甚至十三核等高核结构,这些多核簇合物的骨架结构有加冠八面体、双加冠八面体、三加冠共面二八面体、带心反立方八面体等多种复杂的空间构型,这里不一一赘述。

2. 金属-羰基原子簇合物的性质

金属-羰基原子簇合物在常温下一般为固体,不溶于水,可溶于一些有机溶剂。与单核羰基金属配合物相比,相应的多核金属-羰基原子簇合物的颜色通常较深,熔点也较高,并且金属原子数目越多,颜色越深。而对于同族金属元素的簇合物,其颜色则是由上至下逐渐变浅。

在金属-羰基原子簇合物中,由于 CO 是一个较强的 σ 电子给予体和 π 电子接受体,分子中存在 σ-π 配键的协同效应,使得这类簇合物都比较稳定。

3. 金属-羰基原子簇合物的反应

（1）热解反应

这类反应是由含核较少的羰基簇合物转化为含核较多的羰基簇合物,它们均为吸热反应,这是由于部分较强的 M—CO 键转变为较弱的 M—M 键的缘故。热解法是合成配位不饱和羰基簇合物的主要方法,应用此法已制得了很多羰基簇合物。此法也能合成羰基混合金属簇合物以及羰基金属簇碳化物和氢化物。

（2）加成反应

配位不饱和的金属-羰基原子簇合物可以与 H_2、卤素发生加成反应,在这类反应过程中伴随着金属形式氧化态的增加。

（3）取代反应

在金属-羰基原子簇合物中,CO 也容易被一些配位能力更强的配体所取代,如 PX_3、PPh_3、RCN、NO、$CH_2=CH_2$、C_6H_6 等。

（4）氧化还原反应

金属-羰基原子簇合物的氧化还原反应有以下两种情况:

①反应过程中不发生 M—M 键的变化,即簇合物的骨架没有改变。

②发生了 M—M 键的变化。有些氧化还原反应过程中也伴随着降解作用。

配位不饱和金属-羰基原子簇合物还可以发生氧化还原缩合反应。

3.2.3　其他重要的金属原子簇合物

1. 金属-硫原子簇合物

在金属-硫原子簇合物中,存在着一类硫代金属原子簇,其中硫原子代替了部分金属原子的位置,并与金属原子共同组成原子簇合物的多面体骨架。

在硫代金属原子簇中,核心部分具有 M_4S_4 形式的原子簇受到了特殊的重视,尤以 Fe_4S_4 原子簇合物为最。众所周知,固氮酶是生物固氮的核心,而在研究固氮酶的成分和结构的过程中,发现固氮酶含有两种非血红素的铁硫蛋白,它们是钼铁蛋白和铁蛋白。在钼铁蛋白里,除含钼铁硫原子簇外,还含 Fe_4S_4 原子簇等。此外,在其他许多铁硫蛋白中,铁硫原子簇也是活性中心,它们的主要生理功能是传递电子。因此,铁硫原子簇合物,尤其是 Fe_4S_4 原子簇引起了人们的极大关注。人们把铁硫原子簇作为非血红素铁蛋白活性中心的模型化合物来进行研究。

在 M_4S_4 原子簇中,4 个金属原子形成四面体骨架,此外,在四面体的每个面上各连接一个硫原子。也可以认为 4 个金属原子和 4 个硫原子相间地占据立方体的 8 个顶点,构成畸变的立方体的原子簇骨架。比较常见的 M_4S_4 原子簇合物有 $Fe_4S_4(NO)_4$,它是一种黑色晶体,在空气中相当稳定。其中 Fe—Fe 键长为 265.1pm,12 个 Fe—S 键长的变化范围很小,仅 220.8～222.4pm,平均 221.7pm。$Fe_4S_4(NO)_4$ 的结构如图 3-8 所示。另一个含 Fe_4S_4 簇结构单元的铁硫簇合物 $[Fe_4S_4(CN)_4]^{4-}$ 也具有相似的结构。

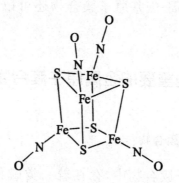

图 3-8 $Fe_4S_4(NO)_4$ 的结构

另一类重要的金属-硫原子簇合物就是 $Mo(W)/Cu(Ag,Au)/s$ 原子簇合物。这类簇合物由于其多变的结构和优良的光学性质及催化性能而得到了迅猛发展。目前,人们已合成出了几百个含有 $[MXS_3]^{2-}(M=Mo,W;X=O,S)$ 单元的原子簇合物,合成方法一般是用含硫金属盐单元 $[MXS_3]^{2-}$ 与无机盐 $M'X'(M'=Cu^+,Ag^+,Au^+;X'=Cl^-,Br^-,I^-,CN^-,NCS^-)$ 通过配体的配位作用而得到。由于 X' 的桥联效应,一个 $[MXS_3]^{2-}$ 四面体单元通过直接与 M' 或 $M'X$,结合最终可以形成从二核到十核的原子簇合物骨架结构。这些骨架结构可以进一步聚合成为原子簇聚合物。一般来说,$Mo(W)/Cu(Ag,Au)/s$ 原子簇聚合物可以分为簇合物单体、一维长链、二维层状及三维网状四大类。图 3-9 列举了几种 $Mo(W)/Cu(Ag,Au)/s$ 原子簇合物单体及原子簇聚合物的结构。其中,(a)表示簇合物单体;(b)表示一维原子簇聚合物;(c)表示二维原子簇聚合物;(d)表示三维原子簇聚合物。

2. 金属-卤素原子簇合物

金属-卤素原子簇合物是较早发现的一类金属原子簇合物。早在 1907 年已报道合成了 $TaCl_2 \cdot 2H_2O$,但到 1913 年了解到该化合物的组成实际上是 $Ta_6Cl_{14} \cdot 7H_2O$,以后到 20 世纪 20 年代又发现了许多钼的多核卤化物,并且认识到它们的化学性质与单核的 Werner 配位化合物不同。金属-卤素原子簇合物大多是二元簇合物。

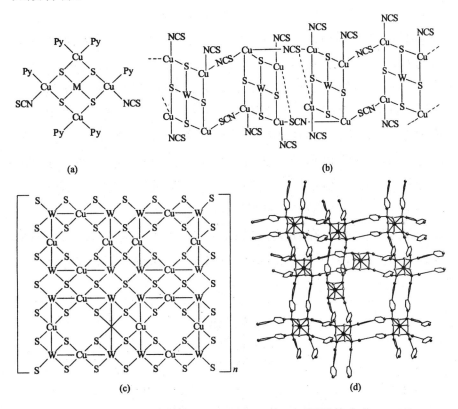

图 3-9 几种 Mo(W)/Cu(Ag,Au)/s 原子簇合物
单体及原子簇聚合物的结构

　　金属-卤素原子簇合物在数量上远不如金属－羰基原子簇合物多,这可以从卤素及其金属原子簇合物的特点进行理解:

　　①卤素的电负性较大,不是一个好的 σ 电子给予体,且配体相互间排斥力大,导致骨架不稳定。

　　②卤素的反键π木轨道能级太高,不易接受金属 d 轨道上的电子形成反馈π键,即分散中心金属离子的负电荷累积能力不强。

　　③中心金属原子的氧化态一般比羰基簇合物高,d 轨道紧缩(如果氧化数低,卤素负离子的 σ 配位将使负电荷累积;相反,如果氧化数高,则可中和这些负电荷),不易参与生成反馈 π 键。

（1）双核金属-卤素原子簇合物

双核金属-卤素原子簇合物比较常见的有 $[Re_2Cl_8]^{2-}$、$[Mo_2Cl_8]^{4-}$、$Re_2(RCO_2)_4X_2$ 等。$[Re_2Cl_8]^{2-}$ 是目前发现的最简单的双核金属原子簇合物，其中的 Re—Re 键长为 224pm，比金属铼中两原子间距离小很多，Cl 原子在空间排列为重叠型结构而非交错型排列。为解释这种现象，F. A. Cotton 于 1964 年提出了四重键理论，即铼原子的键轴为 z 轴，两个铼原子除形成 σ 键之外，还有其 d_{xz}、d_{yz} 轨道形成的两个 π 键，以及 d_{xy} 轨道重叠形成的 δ 键，两个铼原子之间沿。z 轴形成一个四重键，如图 3-10 所示。正是由于四重键的存在，使得 $[Re_2Cl_8]^{2-}$ 能够稳定存在。同样，在 $[Mo_2Cl_8]^{4-}$ 中也存在类似的四重键。$[Mo_2Cl_8]^{4-}$ 中 Mo—Mo 键长为 214pm，而相应纯金属钼中两原子间的距离为 276pm。

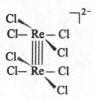

图 3-10 $[Re_2Cl_8]^{2-}$ 的结构

（2）三核金属-卤素原子簇合物

在三核金属-卤素原子簇合物中，三个金属原子可以形成链状或三角形的排列，但对于过渡金属，主要为三角形排列方式。例如，Re_3Cl_9 中的 3 个 Re 原子形成一个三角形骨架，每两个 Re 原子共享一个 Cl 原子桥基，此外，每个 Re 原子在三角形顶角的上方和下方键合一个 Cl 原子，如图 3-11（a）所示。Re_3Cl_9 中的 Re—Re 键长为 248pm，比 $[Re_2Cl_8]^{2-}$ 中的 Re—Re 键长要长。在 $[Re_3Cl_{12}]^{3-}$ 的结构中，3 个 Re 原子也形成三角形排列，Re—Re 键长为 247pm，比 Re—Re 四重键键长（224pm）长，但比 $(CO)_5Re—Re(CO)_5$ 中的 Re—Re 单键键长（275pm）要短得多，因此在 $[Re_3Cl_{12}]^{3-}$ 的 Re—Re 键可以看作双键，是很强的键。与 Re_3Cl_9 的结构相似，$[Re_3Cl_{12}]^{3-}$ 只是在每个 Re 原子上多键合了一个 Cl 原子端基,如图 3-11(b)所示。

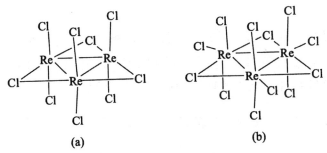

图 3-11 Re_3Cl_9 和 $[Re_3Cl_{12}]^{3-}$ 的结构

(3)六核金属-卤素原子簇合物

六核金属-卤素原子簇合物通常为八面体结构。例如,$[Mo_6Cl_8]^{4+}$ 的结构中,6 个 Mo 原子组成一个正八面体,分子中含有 12 个 Mo—Mo 键,Mo—Mo 距离为 261pm。在八面体的各面上有一个 Cl 原子以 μ_3 帽式键合方式分别与 3 个 Mo 原子配位,如图 3-12(a)所示。另一个六核金属－卤素原子簇合物 $[Nb_6Cl_{12}]^{2+}$ 也为八面体结构,12 个 Cl 原子在八面体的 12 条棱的外侧分别与 2 个 Nb 原子形成氯桥键,如图 3-12(b)所示。

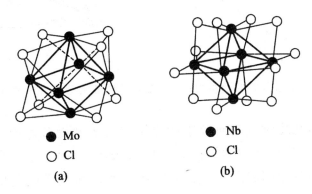

图 3-12 $[Mo_6Cl_8]^{4+}$ 和 $[Nb_6Cl_{12}]^{2+}$ 的结构

3.2.4 金属原子簇化合物的应用

金属原子簇化合物在表面科学、异相催化、均相催化、生物有机金属化学和材料科学等领域已得到广泛应用。下面对其在表面科学和材料化学上的的应用作一简要介绍。

1. 金属原子簇化合物在表面科学上的应用

金属原子簇化合物可以作为金属表面模型，如$[Rh_{13}(CO)_{24}H]^{4-}$和$[Pt_{38}(CO)_{44}]^{2-}$可以被看作是一小块金属和吸附在表面的CO。金属表面存在着台阶、空位、边棱等化学缺陷并表现出结构的分布，如图3-13(a)所示。而蝶形结构的金属原子簇则可以模拟金属表面的边棱，如图3-13(b)所示。

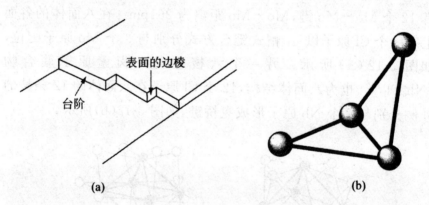

图3-13　金属表面的活性位(a)和作为活性位模型的蝶形原子簇(b)

此外，在化学吸附研究中所假设的与表面键合的中间体与一些金属原子簇化合物的结构非常相似，如图3-14所示，因此，这些金属原子簇化合物还可以作为研究金属表面化学吸附的模型体系。对这些金属原子簇的研究有助于我们深入理解金属的吸附行为以及预测本体材料的宏观性质。

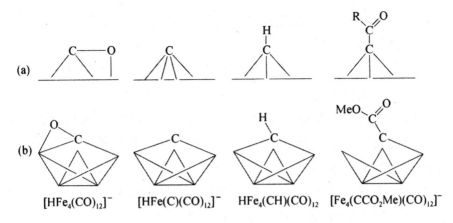

图 3-14　假设的与表面键合的中间体（a）以及
与中间体类似的原子簇（b）

2. 金属原子簇化合物在材料科学上的应用

目前,在构筑固态薄膜时,比较常用的方法是利用原子簇化合物作为前驱体的化学气相沉积法。例如,人们利用 $HFe_3(CO)_9BH_4$ 作为制备金属玻璃 $Fe_{75}B_{25}$ 的前驱体,构筑了 Fe_3B 的多孔薄膜材料。这种方法具有毒性小、沉积温度低以及膜化学计量易于控制等优点。此外,人们利用 Mossbauer 谱对上述 Fe_3B 薄膜进行分析时,发现该薄膜的磁性质与其他方法制备的薄膜不同,其磁矩取向垂直于而不是平行于膜平面。这表明,利用原子簇化合物作为前驱体,人们可以在低温条件下构筑含有亚稳相的、化学计量一定的性能优良的金属薄膜。

3.3　茂金属配合物及其应用

3.3.1　茂金属配合物

茂金属配合物是指金属被对称地夹在两个平行的环戊二烯阴离子配体(简称茂基或 Cp)之间的化合物。1951 年,P. L. Pauson 和

T. J. Kealy 在 Nature 上发表了一篇具有划时代意义的文章,报道了一种被称为二茂铁的新型有机铁化合物的合成方法。紧随其后,G. Wilkinson 和 E. O. Fischer 等确认了二茂铁具有夹心结构并呈现芳香性。二茂铁特殊的夹心结构引起了科学家们的强烈兴趣。自此以后,大量新型结构的茂金属配合物不断涌现出来,对其性质及应用的研究也愈来愈广泛和深入,现在已成为无机化学与金属有机化学的重要研究领域。广义的茂金属配合物还包括茂环之间有一定夹角的不对称夹心型化合物,单个茂环的"半夹心"化合物以及多层夹心型化合物。这些茂环上的π电子数符合 Htickel 规则,为六电子 π 给体,因此具有一定的芳香性[3]。茂金属配合物种类繁多。在这里,我们仅对茂金属的结构与成键进行简单分析。

1. 茂金属的成键

在考虑线形多烯成键时,为了简化起见,只考虑 p 轨道的组合。这种简化方法能给出节点性质和能量高低。其结果和按分子轨道计算结果一致,对环状 π 体系同样也可根据节点数目来预测 π 轨道数目和相对能量高低。如图 3-15 所示,对 1 个茂环可组合成 5 个 π 轨道,其节点数可从 0~2。如图 3-16 的右半部分所示,将两个能量和节点数相同的茂环组成 2 个茂环的 10 个群轨道。图 3-16 的中间部分为铁茂的分子轨道能级图。由于 $\eta^5 - C_5H_5$ 被占领的轨道和 Fe(II) 的 d 轨道相互作用稳定了铁茂分子,故在图 3-16 中节点数为 0 和 1 的两个茂环和 Fe(Ⅱ)形成的分子轨道的能量比自由配体和金属离子原有能量都低。这些轨道按能量次序依次是 d_{z^2}、p_z、d_{yz}、d_{xz}、p_x 和 p_y 6 个轨道,因为这些轨道更接近于茂铁的轨道,更多具有配体的性质,所以被茂环 12 个电子所占领。在次高能量的轨道是茂环 π 轨道和 d 轨道组合,大多来源于金属 d 轨道,具有 d 轨道特征,为了引人注目将它们放在方框中。如图 3-17 所示,是茂环的 π 轨道和 Fe(II) d 轨道的组合,其中具有 d_{xy} 和 $d_{x^2-y^2}$ 特征的是最弱成键轨道,它被两对电子所占领。另一个是具有金属离子 d_{z^2} 轨道特征的轨道,它和茂环轨道不发生作用,是 1 个非键轨道,它被 1 对 Fe(Ⅱ)电子所占领。最低空轨道是具有 d_{xz} 和 d_{yz} 特征的反轨道,它不被电子占领。方框中的 3 个轨道(d_{z^2},d_{xy},$d_{x^2-y^2}$)可视为被 Fe(Ⅱ)6 个电子占领,使铁茂满足 18 电子规则,增强了它的稳定性。二茂钴和二茂镍各具有 19 个电子和 20 个电子,它们除进入以上的轨道外,多余的电子进入反键的屯和 d 够轨道,该电子易失去,所以二茂钴和二茂镍容易氧化。二茂镍还能被其他配体取代生成稳定的 18 电子配合物。

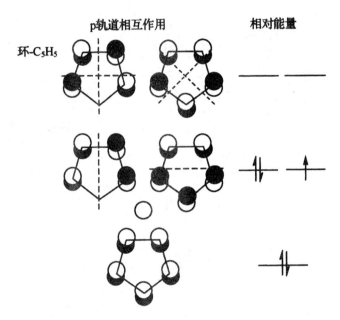

图 3-15　环戊二烯的分子轨道

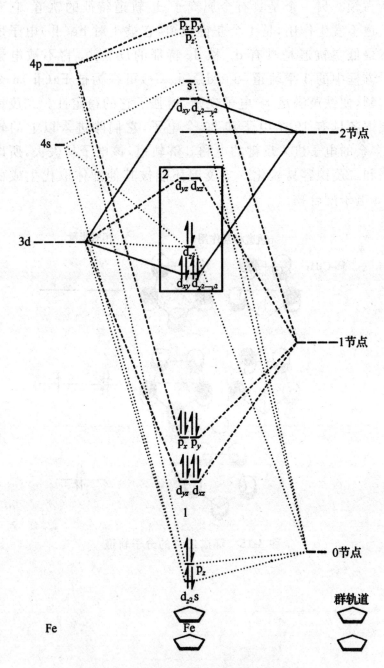

图 3-16　铁茂的分子轨道能级示意图

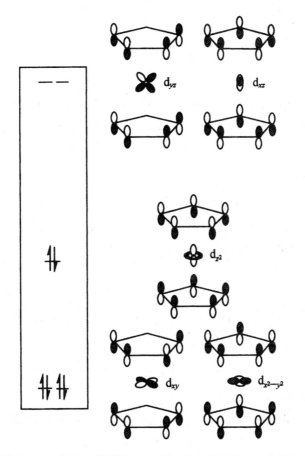

图 3-17　茂环 π 轨道和 Fe(Ⅱ)的 d 轨道组合成具有
d 轨道特征的分子轨道

钒茂(V^{2+}, d^3)、铬茂,(Cr^{2+}, d^4)与钴茂、镍茂相反,是电子欠缺的化合物,它可与其他配体加成以满足 18 电子规律。例如,$ReCl_5$ 和 NaC_5H_5 在 THF 中反应企图得到顺磁性的 $(C_5H_5)_2Re$,但得到的却是反磁性的 $(\eta^5\text{-}C_5H_5)_2ReH$,每个 C_5H_5 提供 6 个电子,H^- 提供 2 个电子,其余 4 个电子由 Re^{3+} 提供,满足 18 电子规则。氢的配位使得茂环歪斜配置。等电子结构的分子如$(\eta^5\text{-}C_5H_5)_2MoH_2$也有类似结构。

$$2(\eta^5\text{-}C_5H_5)_2Co+I_2 \longrightarrow 2[(\eta^5\text{-}C_5H_5)_2Co]^+ +2I^-$$
$$\quad\quad 19e^- \quad\quad\quad\quad\quad\quad\quad 18e^-$$
$$(\eta^5\text{-}C_5H_5)_2Ni+4PF_3 \longrightarrow Ni(PF_3)_4+\text{有机产物}$$
$$\quad 20e^- \quad\quad\quad\quad\quad\quad 18e^-$$

钴茂和镍茂多余 18 数目的电子加在反键(d_{xz}, d_{yz})轨道,引起金属-配体键长增加,金属-配体的离解焓变 ΔH 降低。所以钴茂和镍茂的化学稳定性均低于铁茂,前两者化学反应倾向于形成 18 电子配合物。

除以上提到的烯烃外,还有众多的不饱和有机分子也能作为 π 给体和 π 受体,由配体提供 π 轨道电子给金属,金属反馈电子到配体空的 π^* 轨道与金属离子键合。

2. 茂金属的结构

环戊二烯基($C_5H_5^-$)能以-η^1、-η^3 和-η^5 三种模式与金属离子键合,第一个环戊二烯的配合物是二茂铁$[\eta^5\text{-}(C_5H_5)_2Fe]$或称铁茂($Cp_2Fe$),它的发现成为配位化学发展的里程碑。在工业上由 $FeCl_2$ 和 NaC_5H_5 制得。

$$FeCl_2+2NaC_5H_5 \longrightarrow \eta^5\text{-}(C_5H_5)_2Fe+2NaCl$$

铁茂为黄色粉末,反磁性,可氧化成蓝色的$[Cp_2Fe]^+$的单电子化合物。其他金属的配合物也可由此类方法制备。周期表上的过渡金属均可形成茂金属。

如图 3-18 所示,铁茂的两个环平行配置,在晶体中两个环在铁离子的上下方呈交错的反棱柱(D_{5d}),因为这种构型可减少两环之间的碳—碳(或氢—氢)的推斥力,使铁茂能稳定地存在。在气态时铁茂的结构和固态不同,实验发现,铁茂分子在气态或溶液中是重叠构型(D_{5d}),因为两环的旋转位垒很小(4.18kJ±1.00kJ),在溶液或蒸气中两环能自由旋转。近来 X 射线衍射分析发现在一些晶体中 1 个茂环稍微扭变成 D_5 构型。

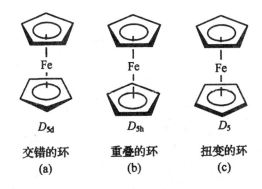

D_{5d}　　　　　D_{5h}　　　　　D_5

交错的环　　　重叠的环　　　扭变的环

(a)　　　　　(b)　　　　　(c)

图 3-18　铁茂的构型

铁茂的两环距离很小,使得金属和碳间距缩短,这点和铁茂有较大的热稳定性和化学稳定性一致。

除环戊二烯和金属形成单环和双环的茂金属外还有其他有趣的结构,如环歪斜配置型茂金属[如图 3-19(a)、(b)所示]和多层夹心型化合物,如[$Ni_2(Cp)_3$]$^+$的层状结构[如图 3-19(c)所示]和多环歪斜配置的双核茂金属[如图 3-19(d)所示]。单环和双环歪斜的茂金属的中心原子除和 1～2 个茂金属结合外,可以用 CO、NO、CH_3 等来补充,如 $Ta(\eta^5\text{-}Cp^*)_2(CH_3)(CH_2)$[如图 3-19(e)所示]。它们除以单核形式存在以外,还可以聚合成多核,以满足有效原子序数法。此外,还有一些单环的茂金属,中心原子除同一个茂结合外,不再和其他配体结合,如 NaCp、TlCp(蒸气)及 In-Cp(蒸气)。一价的铟茂在气态为单环配置,如凝聚为固态则生成由无数茂环及铟离子组成的无限夹心型结构。

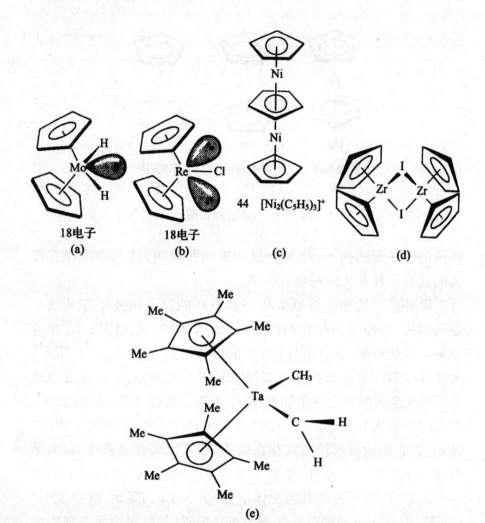

图 3-19 各种结构的茂金属

对铁茂计算电子数有如下两种方法：

①将铁茂看成是 6 个电子的 $Fe(II)$ 和 12 个电子的 2 个环戊二烯基阴离子($C_5H_5^-$)形成的配合物。

②$Fe(0)$ 被两个中性的 C_5H_5 配体配位。

但铁茂真实的键合情况十分复杂,必须分析其成键情况。

3.3.2　茂金属配合物的应用

1. 茂金属在生物医药方面的应用

二茂铁衍生物具有疏水性(或亲油性)和低毒性,能顺利透过细胞膜,与细胞内各种酶、DNA、RNA 等物质作用,表现出很强的生物活性,因而有可能作为治疗某些疾病的药物。苯甲酰基二茂铁是有效的杀微生物剂。此外,卤化酰基二茂铁也具有很强的杀菌活性,含二茂铁甲酰基的硫脲衍生物也具有一定的杀菌活性和植物生长调节活性。

过去采用无机铁制剂治疗机体中缺铁的病人,效果不大,并引出一系列副作用,而二茂铁通过亚甲基同叔烷基、仲烷基和己基相连的同系物具有抗贫血性,是一种疗效高且毒性较小的药物。二茂铁醇化合物同硫化氢相互作用,生成环硫醚二茂铁,也可用于治疗贫血。

青蒿素类药物作为一种新药已在一些国家应用于临床治疗疟疾。S. Paitayatat 等对青蒿素的 C-16 位置进行了修饰,合成了两个含二茂铁取代基的青蒿素衍生物,如图 3-20 的(b)和(c)所示,这两个化合物均显示了优于青蒿素的抗疟活性。

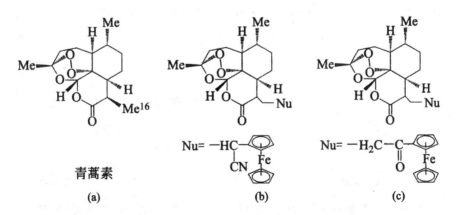

图 3-20　青蒿素及衍生物的结构

许多茂金属配合物还具有优良的抗癌活性。1979 年，Koepf 等首次发现了二氯二茂钛的抗肿瘤活性，由于钛类的毒性远比铂类低，很快就受到人们的重视，开创了茂金属类抗癌剂研究的新领域。1984 年，Koepf-Maier 等报道了二茂铁锚离子 $[Cp_2Fe]^+ X^-$ 的抗癌活性，X^- 包括 $[FeCl_4]^-$、$[FeBr_4]^-$、$[SbCl_6]^-$、$[CCl_3COO]^-$ 等，这是第一类被发现具有抗癌活性的二茂铁类衍生物。在抗乳腺癌药物三苯氧胺上引入二茂铁基团，可以提高药物的抗雌性激素能力及对 MCF-7 乳癌细胞的生长抑制作用。

2. 茂金属配合物在电化学方面的应用

茂金属夹心配合物具有优良的电化学活性，因而在电化学领域得到了广泛应用。该方面的研究已经扩展到构筑电化学传感器方面。在这里我们举例如下。

选择性检测 HF 一直是人们关注的问题。有人报道了利用硼酸/酯作为路易斯酸受体可以选择性键合 HF。考虑到茂夹心配合物优良的电化学活性，将硼酸/酯基团引入到茂夹心配合物中，就有可能构筑一个 HF 选择性电化学传感器。最近，合成了硼酸基团修饰的二茂铁衍生物，其结构如图 3-21 所示。研究结果表明，当溶液中存在 F^- 时，茂配合物的电化学响应向负方向移动，而溶液中存在 Cl^- 时则相反。由于硼酸基团与 F^- 离子的结合能力比与 Cl^- 的结合能力强，因此这个电化学系统可以在 HCl 存在的情况下，选择性对 HF 作出响应。

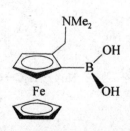

图 3-21　硼酸基团修饰的二茂铁

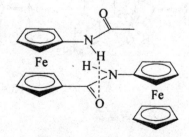

图 3-22　双-二茂铁-二胺

由于肽核酸(PAN)与 DNA 类似,它可以和与其互补的 DNA 选择性结合。因而,将它与茂金属夹心配合物结合,则可在 DNA 的电化学检测方面得到应用。将 PAN 与钴、铁的茂夹心配合物结合起来,电化学研究表明其电化学行为是准可逆的。以二茂铁-PAN 衍生物修饰的 Au 电极在与其互补的 DNA 溶液中表现出电化学响应,这预示着 PAN 修饰的二茂铁有可能用于 DNA 序列的测定。

此外,还可以利用茂夹心配合物的电化学性质,研究分子内相关基团的运动。例如,如图 3-22 所示,是双-二茂铁-二胺的结构示意图,在溶液中,双-二茂铁-二胺由于分子内氢键作用,两个茂环不能相对旋转,相当于茂环被"锁住"了。当向溶液中加入 Cl^- 时,分子内氢键被破坏,分子被"打开"了,两个茂环开始相对旋转。这个运动在其电化学行为上有所反应,即加入 Cl^- 其电化学响应向负方向移动。分子被完全打开后,电化学响应就不再移动。当 Cl^- 被移除时,分子又被"锁上"了,电化学响应就又回到了起始状态。因此,可以将电化学响应看作是离子触发的分子运动的电输出,这对于今后构筑分子机器很有意义。

3.4 金属烷基配合物及其应用

3.4.1 金属烷基化合物

1. 金属烷基化合物的定义与分类

以 σ 键键合金属的烷基是最常见的单电子配体,其形成的金属烷基化合物(M—R)结构简单,化学性质活泼,因此,在工业生产过程中被大规模使用,是与实际应用最为密切的金属有机化合物之一。目前,进一步的研究表明,带有较大体积烷基的烷基化合物还可以作为立体选择性反应的试剂。

金属烷基化合物可以分为两大类,即共价型金属烷基化合物和离子型金属烷基化合物。电负性小的 IA 和 ⅡA 族金属能和烷基形成离子型化合物,而大多数金属烷基化合物则以共价型为主,形成 M－CD 键。

（1）共价型金属烷基化合物

在共价型金属烷基化合物中,M－R 键多为正常的二中心二电子 σ 键。如具有线型分子结构的 Zn、Cd、Hg 的甲基化合物,这些化合物在固、液、气态均不聚合。在某些缺电子体系中,如 Li、Be、Mg、Al 的甲基化合物,则和硼烷类似,形成烷基桥的多中心键,这些化合物会发生不同程度的聚合。

（2）离子型金属烷基化合物

离子型金属烷基化合物可以看作烃 R－H 的盐,这类化合物的稳定性取决于碳负离子 R^- 的相对稳定性。从物质化学结构的角度分析,R^- 的相对稳定性和 $M^{\delta+}－R^{\delta-}$ 的极性有关,键的极性越强,R^- 越稳定。$M^{\delta+}－R^{\delta-}$ 键的极性又取决于 M 和 R 的电负性之差,M 越活泼,电负性越小,R 基团中 α 碳原子的电负性越大,键的离子型分数也就越大。

2. 金属烷基化合物的反应

金属烷基化合物比较活泼,可以发生许多化学反应。

（1）取代反应

活泼的烷基可以取代金属烷基化合物中另一个键合相对较弱的烷基,生成新的金属烷基化合物。例如

$$NaC_2H_5＋C_6H_6 \longrightarrow NaC_6H_5＋C_2H_6$$

这类反应与酸和弱酸盐的取代反应类似,利用这类反应,还可以比较烃类的酸性。正如强酸与弱酸盐反应生成弱酸,我们据此可以认为苯的酸性要比直链烷烃强。除了烷烃可以发生取代反应外,两个金属烷基化合物中的金属也可以发生互换取代反应。

（2）加成反应

金属烷基化合物可以与烯烃发生加成反应,例如

$$Ti-R+CH_2=CH_2 \longrightarrow Ti-CH_2CH_2R$$

（3）M—C 键的裂解反应

金属烷基化合物中的 M—C 键可以被氢、氯化氢和卤素所裂解，其反应一般为氧化加成、还原消除。

例如，氯化氢与 $[(PEt_3)_2Pt(C_6H_5)_2]$ 进行氧化加成反应，得到 $[(PEt_3)_2Pt(C_6H_5)_2(H)(Cl)]$。$[(PEt_3)_2Pt(C_6H_5)_2(H)(Cl)]$ 随后还可以还原消除一个苯，生成 $[(PEt_3)_2Pt(C_6H_5)(Cl)]$。

金属烷基化合物在受热时也可以发生 M—C 键的裂解反应。对于甲基、芳香基金属化合物会生成非常活泼的自由基，这些自由基相互反应生成烷烃或烯烃。对含有较长烷基链的金属烷基化合物，则可以发生 β-氢消除反应而生成烯烃。

（4）烯烃的消除反应

金属烷基化合物中，烷基 β-碳原子上的氢可与金属形成金属氢化物，同时烷基以烯烃的方式"脱出"，这个反应一般是可逆的。发生这种反应的关键是金属具有一个空的配位点，并夺取烷基 β-碳原子上的氢。因此，烷基没有 β-氢的金属烷基化合物比较稳定，不会发生消除反应。另外，有一些配体如叔膦（PR_3）、叔胂（AsR_3）与金属结合比较强，不易从金属上"脱去"，因而，金属没有空的配位点用来夺取 β-氢，这些金属烷基化合物也比较稳定。

（5）插入反应

含不饱和键的 CO、SO_2 及异氰化合物等可以与金属烷基化合物进行反应，反应过程与烯烃类似，产物可以看作是这些分子插入到 M—C 键中。这类反应是许多工业合成以及理论研究的基础，被广泛应用。其中，CO 的插入反应生成酰基衍生物，这是烯烃氢甲酰化反应的一个重要中间过程。

3. 金属烷基化合物的合成

金属烷基化合物比较常见的合成方法介绍如下。

（1）金属与卤代烃直接反应

余属与卤代烃可以直接反应生成相应的金属烷基化合物。

$$n\text{-}C_4H_9Cl + 2Li \longrightarrow n\text{-}C_4H_9Li + LiCl$$

$$\text{(Ph)}\!-\!Br + 2Li \longrightarrow \text{(Ph)}\!-\!Li + LiBr$$

通常，卤代物一般用氯化物或者溴化物而不用碘化物，这是因为碘代烷能进一步和烷基锂反应，发生如下 Wurtz 型偶联反应的缘故。

$$RLi + RI \longrightarrow R\!-\!R + LiI$$

（2）与亚铜盐反应

用过量的烷基锂试剂与卤化亚铜在乙醚中进行烃基化反应，可以生成二烃基铜锂，这是一种重要的有机合成试剂。

$$2CH_3Li + CuI \xrightarrow[0℃]{Et_3O} (CH_3)_2CuLi + LiI$$

（3）金属置换反应

较活泼的金属与另一活泼性较差的金属烷基化合物可以发生金属—金属之间的取代反应。利用该反应可以制备碱金属等活泼金属的烷基化合物。

$$Mg(过量) + HgR_2 \longrightarrow MgR_2 + Hg$$

$$2Al + 3Hg(CH_3)_2 \longrightarrow Al_2(CH_3)_6 + 3Hg$$

此外，活泼的碱金属还可以直接与带有活泼氢的烃类发生金属—氢取代反应，生成相应的金属烷基化合物。

$$2Ph_3CH + 2K \longrightarrow 2Ph_3CK + H_2$$

（4）复分解反应

以金属烷基化合物作为烷基化试剂，与金属卤化物反应制备相应的金属烷基化合物。这种方法比较简单，并且产物易于分离，是目前最常用的方法之一。

$$3Li_4(C_2H_5)_4 + 4GaCl_3 \longrightarrow 4Ga(C_2H_5)_3 + 12LiCl$$

$$4AlR_3 + 3SnCl_4 + 4NaCl \longrightarrow 3SnR_4 + 4NaAlCl_4$$

卤代烃中的卤素可以与烷基锂试剂中的锂发生交换反应，生成相应的有机锂化合物。

$$H_3C-\langle \rangle-Br + n\text{-}C_4H_9Li \longrightarrow H_3C-\langle \rangle-Li + n\text{-}C_4H_9Br$$

(5)电化学反应

这类方法主要是牺牲阳极法,如以 Ga 为电极,在 CH_3MgCl 的 THF 溶液中进行电化学反应,制备了 $Ga(CH_3)_2$。

$$2CH_3MgCl \longrightarrow Mg(CH_3)_2 + MgCl_2$$

$$Mg(CH_3)_2 + Ga + THF \longrightarrow Ga(CH_3)_2 \cdot THF + Mg$$

(6)加成反应

含有氢-过渡金属键的有机金属配合物可以与烯烃、炔烃等不饱和分子进行加成反应,生成相应的金属烷基化合物。

(7)与格氏试剂反应

金属卤化物与格氏试剂反应可以合成相应的金属烷基化合物。

$$CrCl_3 + 3C_6H_5MgX + 3THF \longrightarrow Cr(C_6H_5)_3 \cdot 3THF + 3MgXCl$$

格氏试剂还可以与其他卤代金属烷基化合物反应,生成相应的金属烷基化合物。

3.4.2　烷基金属化合物在有机合成中的应用

烷基金属化合物在有机合成中应用非常广泛,这里仅简单介绍烷基锂和烷基铝在有机合成中的应用。

1. 烷基铝在有机合成中的应用

由于烷基铝中的铝具有空的 p 轨道,它可以作为路易斯酸与醚等弱碱结合形成配合物。并且烷基铝中碳和铝的电负性差异较大,$Al-C$ 键中的碳可以看作带有一定的负电荷。因此,烷基铝表现出 Al 元素的路易斯酸性和烷基的亲核性,在反应中具有较强的亲核性。此外,含有较大体积烷基的烷基铝化合物只从空间位阻较小的方向形成反应中间体,故烷基铝还可以作为立体选择性反应的试剂。这里只对其在立体选择性反应、开环移位聚合、ATRP 反应中的应用作简要介绍。

手性配体修饰的烷基铝分子可以作为邻二胺类化学酶的辅助因子,用于催化不对称的 Diels-Alder 反应,实现立体选择性反应,如图 3-23 所示,利用手性配体修饰的烷基铝可使反应的对映选择性达到 97%。烷基铝还可以催化开环移位聚合、原子转移自由基聚合(ATRP)反应。催化开环移位聚合是通过烷基铝反应所产生的卡宾来进行催化的,其反应产物的双键主要为顺式构型。在催化 ATRP 反应时,烷基铝是作为助催化剂。它与低价态的过渡金属化合物协同作用,可以催化甲基丙烯酸酯等多种单体聚合,并且所得聚合物相对分子质量分布较窄。

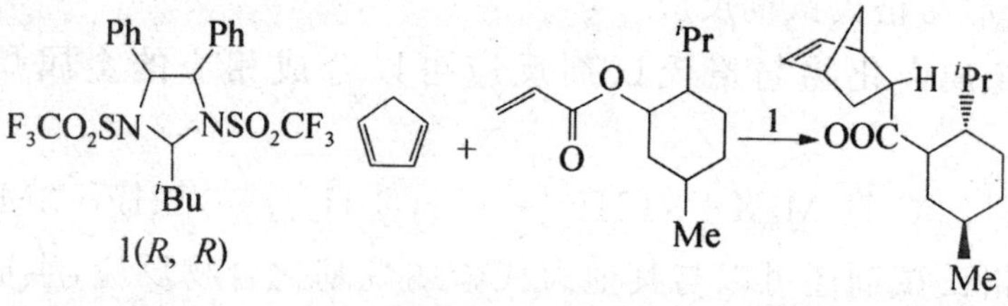

图 3-23　烷基铝对不对称的 Diels-Alder 反应的催化

2. 烷基锂在有机合成中的应用

烷基锂具有与格氏试剂类似的性质,但其反应速率比格氏试剂快 100 倍。因此,当格氏试剂反应较慢或难于制备时,一般都改用烷基锂。它是有机合成中仅次于格氏试剂的重要的金属有机化合物。

烷基锂可与不饱和基团发生加成反应、与活性基团发生取代反应,其反应式与格氏试剂相同。

例如,RLi 与 CO_2 反应生成羧酸盐,这是制备羧酸的新路线。它对空间位阻效应不敏感,因此可加成到具有较大位阻的羰基上,而使用格氏试剂很难得到产物。另外,烷基锂还可与有机卤化物发生武兹反应,如图 3-24 所示。这个反应对于合成新的 C—C 键非常重要。

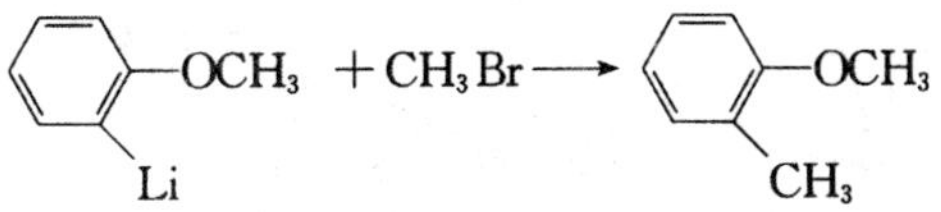

图 3-24　烷基锂与有机卤化物的武兹反应

3.5　富勒烯配合物及其应用

3.5.1　富勒烯配合物

富勒烯是 20 世纪 80 年代发现的一类新型球状分子,全部由碳原子组成,是继石墨、金刚石之后的第 3 种碳的同素异形体。富勒烯的球状结构全部由六元环和五元环所组成,根据欧拉定理需 12 个五元环才能将九个六元环组成球状。富勒烯中最稳定,同时也是最早发现的分子是 C_{60}。它由 60 个 C 原子所组成,球面上就含有 12 个完全独立的五元环,形状正好与足球相同,因此最初也有人把它俗称为足球烯。

1985 年首次报道富勒烯之后即引起科学界的轰动。各国学者纷纷投入大量人力物力开展这方面的研究,努力开发它的实际应用途径。目前,以 C_{60} 为代表的富勒烯配合物的制备是富勒烯科学的一个重要分支,也是当前配位化学的一个热门研究领域。富勒烯配合物一方面具有富勒烯所特有的功能特性,同时又可具有金属离子的物理化学性质,在富勒烯的开发应用中占有重要位置。

在 C_{60} 中,原子间以共价键相连,形成一个由 12 个五边形和 20 个六边形的组成的球面结构,如图 3-25 所示。两个六边形的 C—C([6,6]键)键长比六边形和五边形的[5,6]键的键长短,因此 [6,6]键有类似烯烃双键的性质,纯的 C_{60} 以球形分子堆积成面心立方排列。分子间有大的间隙,约占晶胞体积的 27%,C_{60} 的密度

是 $1.65g \cdot cm^{-1}$，远低于金刚石的密度。

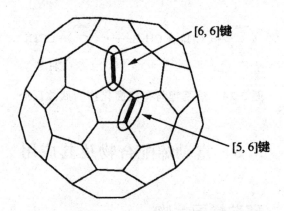

图 3-25 C_{60} 的结构及 $[6,6]$ 键和 $[5,6]$ 键

富勒烯能进行许多化学反应，如氢化、烷化、胺化、氧化、还原、卤化、环加成和环氧化等反应，虽然 C_{60} 是一个温和的反应分子，但其纯衍生物的制备，至今仍然是一个极大的挑战，因为 C_{60} 有 60 个碳原子、30 个双键，对形成 $C_{60}X_n$，除 $n=1,50,60$ 几种特殊情况外会产生无数的异构体。目前，许多富勒烯的衍生物已被合成。

元素周期表中大多数金属均能以某种方式与富勒烯相互作用生成稳定化合物。这些化合物中有的可用经典配位键来描述，有的则显示出前所未有的配位方式。碱金属能与 C_{60} 生成离子型化合物 M_nC_{60} 以及由不同碱金属相互组成的复合型离子化合物 $M_n'M_0'M_p'C_{60}$，这些化合物有的具超导性，是目前已知合成金属中超导温度较高的一类。碱金属也能与 C_{60} 生成包含物，碱土金属中的 Ca，Sr，Ba 和除 Pm 之外的所有 16 种稀土元素均能生成富勒烯包合物，$Sc_3@C_{82}$ 中 Sc 在富勒烯空腔中的数目可达 3 个。过渡金属特别是富电子的第 8，9，10 族元素与富勒烯所形成的化合物要么是富勒烯双键打开与金属生成 σ 键，或富勒烯的双键以 η^2 的形式配位生成 π 键，要么是富勒烯衍生物上取代基的功能基团与金属配位。

富勒烯和各种金属的配合物已经得到，可分为几种结构类型：

（1）富勒烯作为配体

富勒烯（C_{60}、C_{70}、C_{82}）作为配体能和过渡金属形成配合物，如 $[(C_6H_5)_3P]_2Pt(\eta^2-C_{60})$ 是以 C_{60} 作为配体，通过 C_{60} 表面的两个相邻的六元环（[6,6]键）的一个 C＝C 键的 π 电子键合到金属，金属的 d 电子云能够回授到富勒烯空的反键轨道，这使两个碳原子稍微离开 C_{60} 的表面，并使两碳原子间的距离略有增长，这类似于烯烃对金属离子的键合，其键合方式如图 3-26 所示。以富勒烯作为配体的配合物的合成，通常是用富勒烯取代金属上的弱配体。在某些情况富勒烯的表面能配位几个金属离子，如 $[(Et_3P)_2Pt]_6C_{60}$，其中 6 个 $(Et_3P)_2Pt$ 配体围绕在 C_{60} 上，呈八面体结构，如图 3-27 所示。

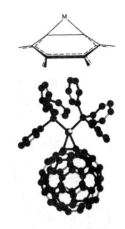

图 3-26　C_{60} 键合到金属

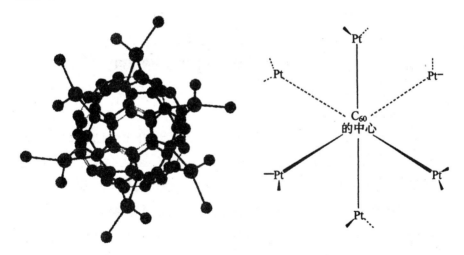

图 3-27　$[(Et_3P)_2Pt]_6C_{60}$ 的结构

富勒烯不仅以两点配位到金属离子也可以 5 点或 6 点形式键合，如富勒烯衍生物 $C_{70}(CH_3)_5$ 或 $C_{60}(CH_3)_5$ 和铁茂形成的夹心型配合物 $Fe(\eta^2-C_5H_5)(\eta^5-C_{70}(CH_3)_3)$，如图 3-28 所示，Fe 位

于 η^5-C_5H_5 和 η^5-富勒烯之间,富勒烯以 5 点和 Fe 配位,甲基邻近配位的五元环,使配合物得以稳定。

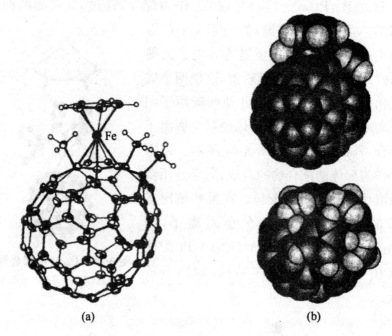

(a)　　　　　　　　　　(b)

图 3-28　Fe(η^2-C_5H_5)(η^5-C_{70}(CH_3)$_3$)
(a)和空间填充模型(b)的结构

（2）加成化合物

富勒烯含有双键,它像其他烯烃一样能够起加成反应。例如,OsO_4 是强的氧化剂,能对多环的芳香碳氢化合物的双键进行加成。将 OsO_4 和 C_{60} 及 4-t-丁基吡啶进行反应,得到 1∶1 或 2∶1 的加成化合物,这是 OsO_4 的氧化加成到富勒烯的双键上,形成了［C_{60}(OsO_4)(4-t-丁基吡啶)$_2$］或［C_{60}(OsO_4)$_2$(4-t-丁基吡啶)$_4$］。1∶1 的加成化合物的结构如图 3-29 所示。

C_{60} 最低空轨道是三重 t_{1u} 轨道,在溶液中可逆的俘获 6 个电子,它的第一激发单重态和三重态能层低于其他小分子接受体,且和大 π-体系(如卟啉)的相应能层相近。在基态和激发态 C_{60} 分子具有刚性骨架,所以富勒烯有异于其他接受体的电化学和光物理性质,在传感器方面有应用价值,一般是在 C_{60} 的[6,6]键上引入附加键,对其进行功能化,当受到了刺激时引起 C_{60} 电子接受能力的改变。

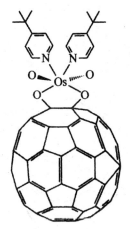

图 3-29　$C_{60}(OsO_4)_2(4\text{-}t\text{-}丁基吡啶)_4$ 晶体结构

(3)包容和嵌入金属

C_{60} 的空腔直径可以包容周期表中任何元素,甚至双原子和小分子,如镧系、碱金属、H_2、H_2O 以及惰性气体 He_2、Ne_2 等物种完全被富勒烯包裹,位于富勒烯的笼中生成包容配合物。富勒烯化合物 $M_m@C_x$ 表示(M 表示客体;通常是金属 m 表示包容金属原子数;C_x 为富勒烯,$x=60,70,74,82$ 等;@表示包裹之意)。如图 3-30 所示,是 $Sc_3N@C_{80}$ 的结构示意图,富勒烯包容镧系金属如 $Sc_3N@C_{80}$ 和 $La@C_{82}$ 及 $M_2@C_{60}$(M=La,Y)等十分有趣,如 $La@C_{82}$,用 X 射线光电子能谱证实是一个被 La 还原的富勒烯负离子 C_{82}^{2-},包容有 La^{3+} 和占有空穴的自由电子。C_{82}^{2-} 有非常丰富的电化学性质和高的稳定性。此外,$M_2@C_{60}$(M=La、Y)具有超导性质。

富勒烯分子间有大的空隙,有类似石墨的嵌入性质,无数碱金属富勒烯的嵌入化合物,碱金属占据 C_{60} 分子的空隙位置,具有超导性质,因为碱金属嵌入 C_{60} 分子间的空隙后,分子间发生相互作用,使碱金属的最外层电子形成一个导电带,有降低能量损耗的性质,随着碱金属的掺入量的改变,C_{60}与碱金属的嵌合物从绝缘体变成半导体,直至超导体。

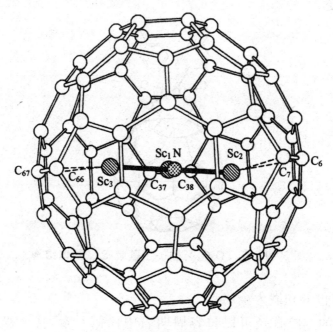

图 3-30　$Sc_3N@C_{80}$的结构

3.5.2　富勒烯配合物的应用

1. 富勒烯及其衍生物在光限幅材料方面的应用

光限幅材料可用于光学传感器的保护以及全光学开关的构建,因此,引起了人们的极大关注。目前,研究中比较令人感兴趣的非线型吸收材料是有机染料、混合金属配合物和混合金属簇以及富勒烯。

C_{60}甲苯溶液对波长 532nm 的纳秒级 Nd:YAG 激光脉冲具有优异的光限幅性质。在此基础上,人们对富勒烯的光限幅性质进行了广泛的研究。这些研究可以分为三类,分别为富勒烯在不同环境和介质中的光限幅性质;富勒烯的衍生化对光限幅性质的影响;富勒烯光限幅性质的产生机理。这其中,除了 C_{60} 以外,其他富勒烯(如 C_{70}、C_{76}、C_{78} 及 C_{84} 等)的光限幅性质也被广泛研究。

(1)不同环境中的富勒烯光限幅性质

对 C_{60} 在不同波长下和不同溶剂中的光限幅性质的研究表明,不同波长下的光限幅性质不同,其中在远红外波长范围内,其光限幅性质最好。而当溶剂变化时,其光限幅性质变化不大。但当溶剂具有电子给体性质时,则溶剂对 C60 光限幅性质具有较大影响。当 C_{60} 被分散在固体基质中时,仍可保持较好的光限幅性质。利用这个特性,可以将 C_{60} 分散在凝胶中,制得覆盖波长较宽的光限幅材料。但一般来说,分散在固体基质中的 C_{60} 的光限幅性质要比 C_{60} 溶液的光限幅性质差。

(2)富勒烯衍生物和聚合物的光限幅性质

为提高 C_{60} 的光限幅性质,人们考察了大量的富勒烯衍生物和聚合物的光限幅性质。与母体 C_{60} 相比,通过 C_{60} 的衍生化一般可使其具有更好的溶解性。因而,对于含有 C_{60} 的溶胶-凝胶玻璃的制备来说,C_{60} 衍生物更容易分散进入溶胶-凝胶玻璃中。科学研究人员考察了一系列单功能基的 C_{60} 衍生物和 C_{60} 二聚体的光限幅性质。有趣的是,这些 C_{60} 衍生物的光限幅性质不仅几乎一致,而且和室温下的 C_{60} 溶液的光限幅性质也基本相当。但 C_{60} 二聚体是个例外,其光限幅性质要比 C_{60} 溶液的光限幅性质差得多。

C_{60} 聚合物与简单的 C_{60} 衍生物相比,由于聚合作用,其光限幅性质的改变要比 C_{60} 衍生物的大得多。如图 3-31 所示,一些含有芳香基团和氯的 C_{60} 聚合物对 532nm 的 8ns 激光脉冲的限幅作用要比母体 C_{60} 有效。但聚合物的光限幅性质与制备聚合物的方法和实验条件有关,有时 C_{60} 聚合物的光限幅性质要比母体 C_{60} 和单功能基的 C_{60} 衍生物要差。由上述结果可以看出,到目前为止,与 C_{60} 衍生物和聚合物相比,母体 C_{60} 的光限幅性质是最好的。

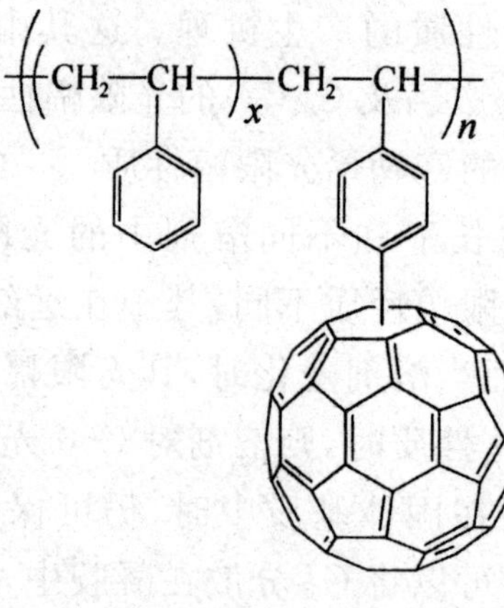

图 3-31　含有芳香烃基的 C_{60} 聚合物

2. 富勒烯金属包合物 EMF 在医学上的应用

EMF 可以被修饰为可溶性分子,且笼中的金属原子在溶液中不会发生离解。进一步的生物实验证明,EMF 没有毒性,并可从小白鼠体内完全排出。因此,其有可能在医学上得到应用。目前的应用研究主要集中于诊断、用放射性药物治疗以及核磁共振对比剂两个方面。其中,在核磁共振对比剂方面,已取得接近临床的成果。

由于溶解性的原因,以往的医学研究一般使用的是 $Gd@C_{82}$,但其产率较低,需要进行多步的 HPLC 分离才能得到纯净的样品。这限制了它在医学上的广泛应用。而产率较高的 $Gd@C_{60}$ 由于溶解性较差,没有得到深入的研究。为了能使 EMF 广泛应用,最近人们对 $Gd@C_{60}$ 进行了衍生化,制得了水溶性的 $Gd@C_{60}$ 衍生物。体内的 MRI 检测和体内分布数据表明,对于同一动物,$Gd@C_{60}$ 衍生物在体内的行为与目前已商业化的含 Gd 配合物的 MRI 对比剂相似。注射后,$Gd@C_{60}$ 衍生物很快地被富集在肾脏。核磁共振成像实验证明其效果与目前商用 MRI 对比剂相当。这个研究为降低 EMF 药物成本提供了可能性,具有良好的应用前景[1]。

参考文献

［1］朱龙观. 高等配位化学. 上海：华东理工大学出版社，2009

［2］杨帆. 配位化学. 上海：华东师范大学出版社，2002

［3］罗勤慧等. 配位化学. 北京：科学出版社，2012

［4］刘又年，周建良. 配位化学. 北京：化学工业出版社，2012

［5］Miessler G L，Tarr D A. Inorganic Chermistry（影印版）.（3rd ed）. 北京：高等教育出版社，2004

［6］徐如人，庞文琴. 无机合成与制备化学. 北京：高等教育出版社，2001

［7］Ellis J. The teaching of organometallic chermistry to undergraduate-s. J. Cham. Educ. ，1976，53：2

［8］Diederich F，Gomey-Lopez M. Superam01ecular fullerene chemistry. Che-m. Soc. ReV. ，1999，28：263

［9］Crabtree R H. Dihydrogen complexes：some structural and chemical studie's. Acc. Cham. Res. ，1990，23：95

［10］戚冠发. 金属有机化合物化学基础. 长春：东北师范大学出版社，1986

第4章 高性能配合物及其应用

配位化合物中含有无机的金属离子和有机的配体,因此配合物不仅可能兼有无机和有机化合物的某些特性,而且还可能会出现无机化合物和有机化合物中均没有的新的性质。在这一章中,我们将着重对配合物的光学、磁性等性能及应用方面进行研究,同时探析配位聚合物的相关性能和应用。高性能配合物的某些性能可以通过人工设计、晶体工程等方法进行调节和控制。也就是说,配合物作为材料有其独特的优势,近年来相关研究越来越受到人们的重视,并呈现出迅猛发展的势头。

4.1 分子基磁性配合物及其应用

4.1.1 物质磁性的基本概念

原子中电子的轨道运动同无限小尺寸的电流闭合回路一样可以产生磁偶极子,磁偶极子的大小和方向可以用磁矩(μ_i)来表示。单位体积 ΔV 内被磁场诱导的总磁矩称为体积磁化强度 M_V,这里,$M_V = \sum\limits_{i=1}^{n} \mu_i / \Delta V$,每摩尔分子化合物的总磁矩称为摩尔磁化强度,表示为 $M_m(\mathrm{mol}) = \sum\limits_{i=1}^{n} \mu_i$。

磁化率也是描述磁性强弱的物理量,它在配合物的结构解释中具有重要意义,在磁场强度为 H 的较弱磁场中,体积磁化率 χ_v 和体积磁化强度 M_V 之间的关系为 $\chi_v = M_V / H$(无量纲)。在磁学中国际上常采用国际单位制(SI)和电磁单位制(CGS-emu)表示。按 CGS 和 SI 制,χ_v 是无量纲的物理量,但二者可通过 4π 转换,即 $\chi_v = 4\pi\chi_v^{ir}$(χ_v^{ir} 为按 CGS 单位获得的值)。在化学中还用到另外两种磁化率,即得到单位质量磁化率 χ_g(或称克磁化率)和摩尔磁化率 χ_m。用 χ_v 除以物质密度 ρ 得到质量磁化率 χ_g;用相对分子质量乘以 χ_g 得到摩尔磁化率 χ_m。

对抗磁性物质 χ_m 是负值,对于顺磁性物质则为正值。在晶体中磁化率可以是各向异性的,即用具有多个分量的张量来表示。根据物质磁化率的大小和对外磁场的依赖关系可将物质的磁性分成如表 4-1 所示的四种基本类型。

表 4-1 物质磁性的基本类型

类型	χ_m 符号	χ_m 的值 (CGS,室温)	对外磁 场关系	来源
抗磁性	—	10^{-6}	无关	成对电子的环流作用
顺磁性	+	$0 \sim 10^{-4}$	无关	电子自旋和轨道运动
铁磁性	+	$0 \sim 10^{-4}$	有关	相邻原子间磁矩偶极间相互作用使自旋平行
反铁磁性	+	$10^{-2} \sim 10^{-4}$	有关	相邻原子间磁矩偶极间相互作用使自旋反平行

以上四种类型物质的磁化率和温度的关系是非常特殊的,如图 4-1 所示。由图可见,抗磁性物质的磁化率不随温度的改变而变化,而顺磁磁化率随温度升高而减小,即服从 Curie 定律。在反铁磁性曲线中出现极大值的温度称为 Nfel 温度,在铁磁性曲线中发生突变的温度称为 Curie 温度。

与传统的铁氧体、合金类无机磁性材料相比,分子基磁性材料由于具有结构多样、密度小、可塑性和透光性好、易于加工成型等许多更优越的性能而受到人们的重视。自 20 世纪 80 年代以来,设计合成新型分子基磁体、研究其磁性能、探索结构与磁性之间的关系一直是化学(尤其是配位化学)、材料科学等领域科技工作者们非常热衷的课题。所谓分子基磁性材料是指由分子磁体,也称分子基磁体,构成的磁性材料,而传统的无机磁性材料则是由离子或原子组成的。分子磁体是一类像磁铁一样的化合物,在临界温度以下能够自发磁化的分子或分子聚集体。目前,分子基磁体根据不同的方式有各种不同的分类方法。如果按照磁性来源分有多自由基体系、顺磁性金属离子体系以及自由基－顺磁性金属离子复合体系;若按磁性质来分可以分为:顺磁体、铁磁体、亚铁磁体、反铁磁体、变磁体等;按组成来分类,分子基磁体主要有有机分子、有机聚合物分子磁体,典型的例子是由氮氧有机自由基组成的分子基磁体;有机金属分子磁体;配合物分子磁体等。近年来,自旋交叉磁性配合物、单分子磁体和单链磁体也是分子基磁性材料研究中的热点课题,在这里,我们将着重讨论。根据配合物构筑方式和组成,可以将配合物类分子磁体分为基于六氰金属盐类分子磁体、基于八氰金属盐类分子磁体以及其他桥联多:核配合物分子磁体等,这较为基础,本书不再分析。

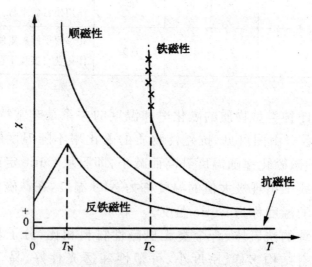

图 4-1　四种类型的磁化率与温度的关系

4.1.2　几种重要的分子基磁性配合物

分子基磁性材料研究的主要目的为获得新的磁功能材料和发现新的物理现象，为分子电子学提供材料基础，为未来人们的应用需求提供材料保障；探索磁性与结构之间的相关性，为设计和合成新的磁功能材料提供指导。

1. 高 T_c 分子基磁体

与传统的金属氧化物或合金磁性材料相比，分子基磁性材料的 T_c 一般比较低。出于应用的需要，人们希望得到 T_c 温度在室温以上的分子磁体，因此高 T_c 分子磁体的设计合成和理论研究备受重视。T_c 的高低很大程度上决定于分子间磁耦合作用的类型和大小以及结构的维数。除非轨道正交，双核配合物中反铁磁组分通常占据主导地位。分子间磁耦合作用的强弱顺序为直接磁交换作用＞间接磁交换作用或超交换作用＞偶极偶极作用。因此为了增强顺磁离子间的相互作用，通常会选择短的和共轭性强的桥联配体，或者选择自由基作为桥联配体。

目前，高于室温的分子基磁体仍较少，主要存在于两大类分子磁体中，一类是普鲁士蓝类体系。根据大量的实验数据和理论分析，人们得出该体系的经验规律，即两个顺磁离子的电子构型为 $t_{2g}^m - t_{2g}^n$ 时往往得到强的反铁磁耦合作用，为 $t_{2g}^m - t_{2g}^n e_g$ 和 $t_{2g}^m - t_{2g}^n e_g^2$ 时得到稍弱的反铁磁作用，而当电子构型为 $t_{2g}^m - t_{2g}^6 e_g^2$ 时得到铁磁耦合作用。Ruiz 从理论上推测，选择轨道耦合作用强的顺磁离子可以有效提高体系的 T_c 值，并预言普鲁士蓝类配合物中铁磁有序的最高温度可能出现在 $Ni_3^{II}[Mn^{IV}(CN)_6]_2$ 体系中，而更高临界温度的亚铁磁有序体系可能出现在 $Mo_3^{II}[Cr^{III}(CN)_6]_6$ $(T_c = 355K)$ 等配合物中。另一类是金属自由基体系，其中最典型的是 $V(TCNE)_x \cdot y(CH_2Cl_2)$ $(x \approx 2, y \approx 1/2)$。它的热分解温度为 350K，而亚铁磁有序临界温度根据推测可高达 400K。它可作为自旋注射器和探测器实现在白旋电子学方面的潜在应用。Jain 等人报道了介于传统无机磁体和真正意义上的分子基磁体之间的一类磁性材料$[Ni_2A \cdot (O)_x \cdot (H_2O)_y \cdot (OH)_z]$。它通过在溶液中空气氧化 NiA_2 而获得，因此结构中既含有氧分子，又含有有机分子。当 A 为 DDQ、TCNE 和 TCNQ 时，它们的临界温度分别高达 405K、440K 和 480K，这为设计和合成稳定的高瓦磁体指明了一条新的道路[1]。

2. 自旋交叉磁性配合物

所谓的自旋交（简称为 SCO）配合物就是在一定的条件（外界作用）下可以发生高自旋和低自旋之间相互变换的配合物，这种自旋状态的变化必然伴随配合物磁性质的变化。目前研究较多的是由热、光或压力而引起的自旋交叉现象。另外，高低自旋的变换实际上是由于轨道电子重新排布而导致的，因此，只有那些由合适的金属离子和配体结合而成的配合物才能够产生自旋交叉现象。首先，金属离子是具有 $3d^4 \sim 3d^7$ 电子结构的能够形成高自旋和低自旋配合物的金属离子，研究报道较多的是 Fe(Ⅲ)($3d^5$)、Fe(Ⅱ)($3d^6$) 和 Co(Ⅱ)($3d^7$)配合物；另外，配体的强弱要适中，主要是光谱化学序中强场配体和弱场配体交界处的一些配体，只有这类配体与金属离子结合形成的配合物中成对能 P 和分裂能 Δ 才比较接近，从而能够发生轨道电子的重新排布而产生高低自旋之间的变换。因此，设计合成自旋交叉配合物时，配体的选择至关重要，也很微妙，目前还没有理论可以指导该类配合物的设计与合成。自旋交叉配合物因为在光开关（光诱导产生的自旋交叉）、快速热敏开关（热致自旋交叉）、信息储存材料等方面具有广阔的应用前景而引起人们的兴趣。

人们在几十年前就已经观测到了自旋交叉现象。从目前已有的报道来看，具有自旋交叉性质的 Fe(Ⅱ)配合物多为$[FeN_6]$的六配位八面体配位构型，而且多为由 2 种或 2 种以上配体组成的多元配合物。如图 4-2 所示，给出了 4 个具有代表性的单核 Fe(Ⅱ)

自旋交叉配合物，从它们的磁行为与温度的关系中可以清楚地看出这 4 个配合物实际上代表了不同的类型：［Fe(bipy)$_2$(NCS)$_2$］的突变型，配合物在很窄的温度范围内发生了高低自旋之间的变换；［Fe(btz)$_2$(NCS)$_2$］的渐变型，即随着温度的降低配合物缓慢地由高自旋转变为低自旋，变换过程的温度范围比较宽；［Fe(phen)$_2$(NCS)$_2$］的变换过程则介于 bipy 和 btz 两个配合物之间；［Fe(dpp)$_2$(NCS)$_2$］代表了回滞型自旋交叉现象，这种情况下由升温和由降温引发的高低自旋变换过程的转变温度不一样，［Fe(dpp)$_2$(NCS)$_2$］中两者相差约 40K。

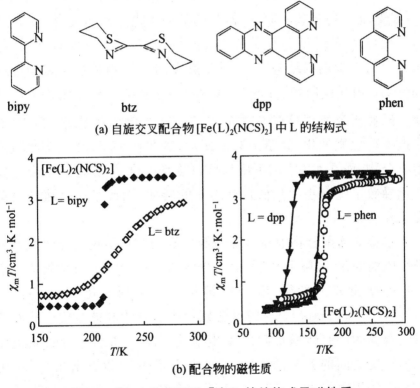

(a) 自旋交叉配合物 [Fe(L)$_2$(NCS)$_2$] 中 L 的结构式

(b) 配合物的磁性质

图 4-2　［Fe(L)$_2$(NCS)$_2$］中 L 的结构式及磁性质

值得一提的是低自旋的六配位 Fe(Ⅱ) 配合物的 $S＝0$，因此理论上讲 $\chi_m T$ 应该等于零。但是，从图 4-2 中可以看到配合物由高自旋到低自旋的转换并不完全，变换后 $\chi_m T$ 并不等于零，而是有一定的残留。研究发现,这种顺磁性残留与样品的形貌、制备方法等有关。

除了单核配合物之外,具有一维、二维和三维结构的配位聚合物中也有自旋交叉现象。例如,最近报道的由反应

$$Fe(BF_4)_2 \cdot 6H_2O + 3CNpy + K[Ag(CN)_2] \longrightarrow$$
$$\{Fe(3CNpy)_2[Ag(CN)_2]_2\} \cdot 2/3H_2O$$

可以得到一个具有热致自旋交叉性质的新型功能配合物 $\{Fe(3CNpy)_2[Ag(CN)_2]_2\} \cdot 2/3H_2O$(3Cnpy=3-氰基吡啶)。晶体结构分析结果表明该配合物中 Fe(II)为[FeN_6]配位构型,其中 4 个氮原子来自桥联氰根基团,另外两个轴向氮原子来源于 3-氰基吡啶的吡啶氮原子,氰基的氮原子没有参与配位,Ag(I)为二配位的直线型配位构型,这样就形成了一个具有 NbO 结构类型的三维网状结构,3 个相互贯穿的三维网状结构之间存在 Ag…Ag 相互作用,其 $\{Fe[Ag(CN)_2]_2\}_n$ 骨架结构如图 4-3(a)所示。磁性研究发现该配合物的 $\chi_m T$(χ_m 为摩尔磁化率)在 187K 附近发生急剧变化,如图 4-3(b)所示,表明在 220K 以上为高自旋型配合物,而在 150K 以下则为低自旋型配合物,亦即由于温度的变化导致了配合物的高低自旋之间的转变,因此是一个热致自旋交叉配合物。

自旋交叉配合物中高自旋→低自旋的变化不仅仅导致配合物磁性质的变化,实际上,由于中心金属离子自旋状态的变化还将直接导致金属离子半径、Fe—N 键长等一系列变化,Fe—N_{HS}≈Fe—N_{LS}+0.02nm(HS 和 LS 分别代表高自旋和低自旋),从而使得配合物的晶胞体积也随之发生变化。从上述配合物的晶胞体积与温度之间的关系,如图 4-3(c)所示,图中可以看出在 190K 附近晶胞体积也发生急剧变化,表明配合物在该温度附近发生了自旋状态的变化,与磁性质结果一致。

3. 单分子磁体

1980 年,波兰学者 Lis 首次报道了纳米级的金属离子簇合物

$[Mn_{12}O_{12}(OAc)_{16}(H_2O)_4]\cdot 2HOAc\cdot 4H_2O$ 的合成、结构与简单的温度依赖的直流磁化率测量结果。直到 1993 年,科学家首次发现其具有异常的单分子磁弛豫效应,从此开辟了分子磁学的又一个研究领域——单分子磁体。从此,单分子磁体因其独特的磁性质引起国际上合成化学、凝聚态物理以及材料等领域科学家们的密切关注。

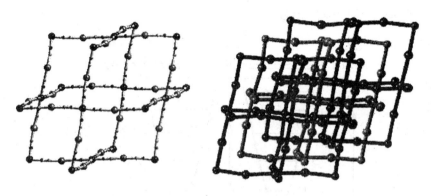

(a) 自旋交叉配合物 {Fe(3CNpy)$_2$[Ag(CN)$_2$]$_2$}·2/3H$_2$O 的骨架结构

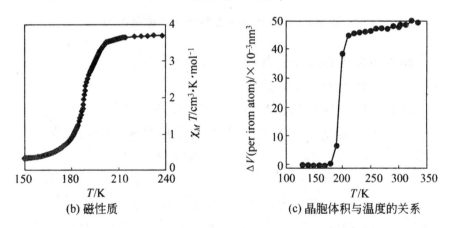

(b) 磁性质　　　　　　　(c) 晶胞体积与温度的关系

图 4-3　{Fe(3CNpy)$_2$[Ag(CN)$_2$]$_2$}$_n$[Ag(cN)2]2>n 的骨架结构、磁性质及晶胞体积与温度的关系

单分子磁体是一种可磁化的分子。在外加磁场的作用下,其磁矩可以统一取向。去掉外磁场后,在低温下分子磁矩发生翻转时需要克服较大的能垒 U,如图 4-4 所示,重新取向的速度相当缓慢,出现磁滞现象,即在零场下磁化作用可以保持。在高温区,该能垒

远比热振动能量 K_BT 小,磁矩取向速率非常快,整个分子表现为顺磁性。当温度下降到某个温度时,热激发的能量已经无法克服这个能垒,磁矩被冻结在某个方向上,自旋翻转很慢,此温度为"阻塞"温度(T_B)。翻转时间可以用阿伦尼乌斯定律 $\tau = \tau_0 \exp(U/K_BT)$ 来描述。由此可见,随着温度降低,翻转时间以自然数 e 为底的幂指数增长。单分子磁体在 T_B 温度下在分子磁化强度矢量变化时存在明显的磁化强度弛豫现象。

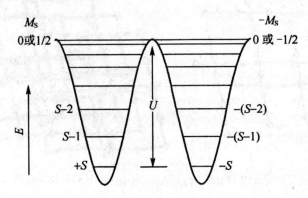

图 4-4　单分子磁体在零场下的能级图

作为单分子磁体需具备以下两个条件:

①具有较大的基态自旋研。

②具有明显的负各向异性,以保证最大的自旋态能量最低。单分子磁体在磁化强度矢量重新取向时弛豫过程中需克服的最大能垒(从 $M_s = \pm S_T$ 到 $M_s = 0$ 之间的能量)为

$$U = -DS_T^2 (S_T = \text{整数}) \text{ 或 } U = -D(S_T^2 - 1/4)(S_T = \text{半整数})$$

Christou 等人通过大量研究,系统地总结了 Mn_{12} 家族的成员 $[Mn_{12}O_{12}(O_2CR)_{16}(H_2O)_4]$($R = Me, Et, \cdots$)。该系列的结构特征是锰的氧化态为 $Mn_8^{III}Mn_4^{IV}$,中心的 4 个 Mn^{IV} 形成 $[Mn_4^{IV}O_4]$ 立方烷结构,外围由 8 个 Mn^{III} 通过 $\mu_3\text{-}O^{2-}$ 与中心的 Mn^{IV} 连接,如图 4-5 所示。Mn^{III} 离子与 Mn^{IV} 离子间存在明显的反铁磁耦合作用,其自旋拓扑结构为外围 8 个 Mn^{3+} 离子自旋取向与中心 4 个 Mn^{4+} 离子取向相反,因此分子的基态自旋值 $S_T = 8S_{Mn(IV)} - 4S_{Mn(III)} = 8 \times 2 - 4 \times 3/2 = 10$。每个 Mn(III) 的拉长姜-泰勒轴取向趋于一致,整个分

子表现出易磁化轴各向异性,零场分裂参数为 $D=-0.5\text{cm}^{-1}$,因此它的能垒为 50cm^{-1}。目前对于 Mn_{12} 家族的研究已越来越深入,各种物理化学方法和测试手段被派上用场。除了经典的 Mn_{12} 簇合物外,还有 Mn_3、Mn_6、Mn_8、Mn_{10}、Mn_{18}、Mn_{22}、Mn_{25}、Mn_{84} 等多种类型的锰氧簇合物,此外还有 Fe、Ni、Co 和 V 等金属的簇合物。值得关注的是,近年来有关纯稀土单分子磁体以及 3d-4f 单分子磁体的研究非常迅速。寻找新型单分子磁体,无论对基础研究还是材料科学领域,都显得相当重要。

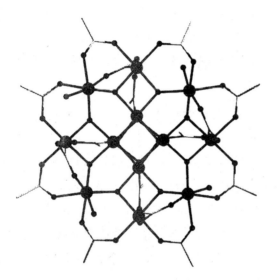

图 4-5　Mn_{12} 的分子结构图

　　与金属或金属氧化物类的长程有序磁体相比,单分子磁体的性质只来源于单个分子本身,分子单元之间不存在明显的磁相互作用。由于其分子单元尺寸单一固定而不是在一定范围内分布,因此是一种真正意义上的纳米尺寸(分子直径 1～2nm)的分子基磁体。它可以简单地通过溶液法制备,易纯化,易溶于有机溶剂,易化学修饰。

　　单分子磁体开辟了分子基纳米磁性材料的新领域,是分子基磁体和纳米磁性材料的交叉点。目前已报道的最高慢弛豫温度已经达到 40K,然而要使单分子磁体获得实际应用仍是一个极富挑战性的课题。对于单分子磁体的研究主要基于两个目的：一是单分子磁体可能最终用于高密度的信息储存材料和量子计算；二是有助于理解纳米尺寸磁性粒子的物理本质，解释纳米磁体的量子隧穿效应。

4. 单链磁体

单链磁体是指具有缓慢的磁化强度弛豫现象的一维 Ising 链。单链磁体的形成必须具备的条件为：

①磁链必须是一维 Ising 铁磁链或亚铁磁链，即自旋载体具有强的单轴各向异性，且磁链有净的磁化值。

②链内和链间磁耦合作用的比例必须非常的大，即磁链必须尽可能是孤立的，以避免三维有序。

1963 年，Glauber 从理论上预言一维 Ising 链在低温下会出现缓慢的磁化强度弛豫现象。直到 2001 年，意大利化学家 Gatteschi 合成了一维链状化合物 $[Co(hfac)_2](NITPhOMe)$（NITPhOMe＝4'-methoxy-phenyl-4,4,5,5-tetramethyl-oxyl-3-oxide,hfac＝hexafluoro-acetylacetonate），从实验上证实了 Glauber 的推测，并以此为基础定义了"单链磁体"。迄今为止，单链磁体在设计与合成上仍具有一定的挑战。文献已报道了 20 多个单链磁体的例子，尽管数目不多，但种类丰富、结构迥异。

与 SMM 类似，SCM 的磁化强度在低温下弛豫非常缓慢，伴随着磁滞回现象，因此有望应用于高密度信息存储材料。在设计 SCM 时需考虑的策略有：

①选择强的单轴各向异性的自旋载体。

②选择合适的桥联配体以形成具有较大磁耦合作用的铁磁链、亚铁磁链或自旋倾联链。

③选择合适的抗磁分子将磁链进行有效的分隔以避免三维有序，可利用大的配体或电荷平衡离子来减小链间磁相互作用，也可用长的间隔配体将磁链嵌入到二维或三维聚合结构中，如图 4-6 所示，以此获得具有高维聚合结构的单链磁体。

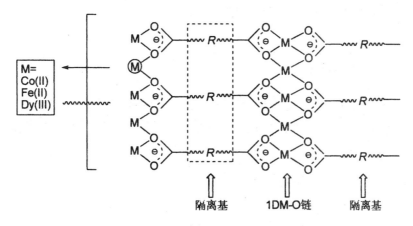

图 4-6　单链磁体的网络合成策略示意

4.1.3　多功能分子基磁性材料及其应用分析

多功能分子基磁性材料是指将磁性与其他物理或化学性能结合到同一个分子材料中，以形成具有复合功能的分子材料。近年来研究的热点有光诱导磁体、导电磁体、手性磁体、微孔磁体、磁冰箱等。

1. 导电磁体

1988 年法国科学家阿尔贝·费尔和德国科学家彼得·格林贝格尔独立发现了"巨磁电阻"效应，即磁性材料的电阻率在有外磁场作用时和无磁场作用时存在显著的变化。由此效应发展出的读取磁盘数据的技术使得硬盘在近年来迅速变得越来越小。如今作为凝聚态物理新兴学科的自旋电子学已得到快速的发展，然而基于一个分子内的电-磁相互影响与调控仍较为少见。西班牙 Coronado 等人将具有导电功能的 BEDT-TTF 阳离子引入到具有二维蜂窝层状结构的铁磁性阴离子体系中，得到了金属导体与铁磁性共存的电-磁双功能化合物 $[BEDT\text{-}TTF]_3[MnCr(C_2O_4)_3]$。在此分子基体系中导电的 BEDT-TTF 阳离子并没有对阴离子的磁性产生影响，但是在居里温度以下体系的导电行为却受到外加磁场的影响,导电层在铁磁性阴离子层产生的内场作用下表现出一定的磁场依赖性。

2. 光诱导磁体

化合物在光激发条件下可以改变其结构和电子性质,若将光与磁性质结合在一起将得到的光诱导磁体,它可通过光激发对化合物的宏观磁性质实行调控,此类材料有望应用于信息储存和光开关器件。到目前为止,研究的最多的光诱导磁体的体系有:

①光诱导自旋交叉材料。所有具有热诱导自旋交叉现象的 Fe(Ⅱ) 配合物都有可能存在 LIESST 和反转 LIESST 效应,所不同的是光诱导激发自旋态的寿命在给定的温度下依赖于高低白旋态的零点能的差值 ΔE_{HL} 和金属配体之间键长的差值 ΔR。一般性的规律是 ΔE_{HL} 越小,ΔR 越大,LIESST 态的寿命就越长。

②电荷转移体系。此类体系中研究最早的是普鲁士蓝类似物,Sato 等人在 1996 年报道了第一个光诱导电荷转移型磁体 $K_{0.4}Co_{1.3}[Fe(CN)_6] \cdot 5H_2O$,研究表明,在光激发前体系的电子态为 $Fe^{II,LS}(t_{2g}^6 e_g^0)-CN-Co^{III,LS}(t_{2g}^6 e_g^0)$,在 5K 时经光激发之后发生金属—金属间电荷转移,电子态变为 $Fe^{II,LS}(t_{2g}^5 e_g^0)-CN-Co^{III,LS}(t_{2g}^5 e_g^0)$,体系的宏观磁性由顺磁性变为铁磁性。除 FeCo 和 FeMn 普鲁士蓝体系之外,人们还采用 $[M(CN)_n]$ 为前驱物合成了很多具有光磁效应的簇合物和聚合物。

③价态互变异构体系。除了上述的不同自旋态转换的白旋交叉现象和不同金属间电荷转移现象之外,还有一个重要的动态电子过程就是金属和氧化还原配体之间的价态互变异构转换现象。

3. 微孔磁体

多孔材料在分离、气体存储或异相催化方面有着很好的应用潜力。将磁性离子引入到多孔材料的骨架中便形成微孔磁体,它同时具有多孔性和磁性。若在外界的微扰下,例如孔洞中客体分子的吸附或去吸附可以调节磁性质,则此类材料可开发成为磁传感器、磁开关和多功能磁性器件。客体分子可以有多种形式影响孔洞的结构参数,进而对磁性质进行调控。

①客体分子调节磁性金属离子的配位环境。

②客体分子调节结构的维数。

③客体分子作为磁交换的路径对磁行为进行调节。

④客体分子通过主客体之间的弱相互作用力影响体系的协同效应。很多自旋交叉体系对客体分子非常敏感。通过客体分子的吸附和去吸附可以实现磁性质的开与关。

4. 磁冰箱

磁冰箱是利用磁热效应(简称 MCE)制冷的冰箱。它的原理是磁制冷材料等温磁化时,磁矩趋向于沿磁场方向规则排列,有序度提高,磁熵显著下降,向外界放出热量;绝热退磁时,磁矩重新无序,混乱度增大,磁熵增大,从外界吸收热量,从而达到制冷的目的。它的制冷效率可达到卡诺循环的 60%,远高于传统的气体压缩式制冷机(效率小于 40%);而且固态磁制冷材料的熵密度远大于气体,制冷体积小、噪声低、可靠性好;更重要的是不需要使用氟利昂、氨等制冷剂,无环境污染,因此被誉为绿色制冷技术。目前在超低温领域利用磁制冷原理制取液态氦、氮、氢已得到广泛应用。绝热去磁法可获得 0.001K 的低温,是现代获得低温的有效方法。

磁热效应是磁性材料的一种本质属性,对于分子基磁性材料而言,它们的磁有序温度一般都较低,因此可望被开发用作低温磁制冷材料。理想的分子制冷剂具有以下特征:

①大的基态自旋 S,磁熵值总计为 $R\ln(2S+1)$。

②磁各向异性要尽可能的小,在弱磁场下自旋便于翻转。

③存在低能量的激发自旋态,它可提高场依赖的 MCE 效应。

④铁磁交换占主导,可获得较大 S 值。

⑤分子量相对较低或较大的金属/配体质量比,以提高材料的磁密度。

2000 年，Tejada 等人在研究单分子磁体 Mn_{12} 和 Fe_8 时发现它们具有较大的磁热效应，从此分子基磁制冷材料开始受到人们的关注。2005 年 Evangelisti 等人报道了 Fe_{14} 簇合物的磁熵可达 $17.6J \cdot K^{-1} \cdot kg^{-1}$。之后这一记录不断被人们打破，到最近，新发现的一维聚合乙酸钆化合物 $[Gd(OAc)_3(H_2O)_{0.5}]_n$ 的磁熵已达到 $47.7J \cdot K^{-1} \cdot kg^{-1}$，相信分子磁制冷材料必将有更广阔的发展前景。

5. 手性磁体

在多功能配合物中，手性磁体的设计与合成颇具挑战性。手性物质因为中心对称性的缺失可以观察到自然圆二色性。依赖于物质的空间群，它还可以观察到更多有趣的光电现象，例如压电、热电和铁电。进一步与磁性质相结合可产生出更加新奇的物理性质，例如磁—手性二色性，磁诱导的二次谐波发生和多铁性。

1811 年，Arago 发现了手性晶体的自然光学活性。1846 年，Faraday 发现了磁场也可以使偏振光的偏振方向发生旋转的磁光学活性。前者源于物质镜面对称性的缺失，而后者则源于在磁场中时间反转对称性被打破。1982 年，物理学家曾从理论上预言，如果两个对称性都被打破，自然光学活性和磁光学活性的交叉效应将会出现，手性物质的光学性质会受到外加磁场的影响。当光的传播方向与磁场平行或反平行时，手性物质的光学性质会有一定的差别，它不依赖于光的偏振状态，而对于两个对映体具有相反的符号。这一效应被称作"磁—手性二色性（MChD）"。1997 年，Rikken 和 Raupach 首次观察到微弱的 MChD 效应。圆偏振光对光化学反应具有一定的对映体选择性早已被人们所熟知，2000 年他们在 $K_3Cr(ox)_3$ 水溶液中证实了磁场对非偏振光照射的光化学反应也具有对映体选择性，这为磁手性各向异性（MChA），可能在生命的同手性起源中扮演着某种角色提供了实验依据。根据预测 MChD 效应的强弱与物质的磁化强度成比例，因此铁磁性物质会比顺磁性物质具有更强的 MChD 效应。2008

年,Train 等人在$[N(CH_3)(n\text{-}C_3H_7)_2(s\text{-}C_4H_9)][MnCr(ox)_3]$体系中观察到温度从 11K 降低到 3K 时,化合物剾顷磁态转变为铁磁态,与此同时 MChD 的强度也因此增大了 17 倍。在居里温度以下时,他们在该体系中还发现了 MSHG 效应,而在居里温度以上 SHG 信号不依赖于外加场强的方向。

在手性磁体中,多铁性材料是指同时具有铁电性、铁磁性和铁弹性中的两种或三种铁性的材料。鉴于在高密度存储器、多态记忆元件、磁场控制的压电传感器和电场控制的压磁传感器等方面有着广泛的应用潜力,它已成为当前国际研究的一个热点。目前研究最多的是铁电性和铁磁性共存的多铁性材料。如果磁电是相互耦合的,则磁矩可以被电场操控,而电偶极矩可以被磁场操控。人们在钙铁矿型结构的金属氧化物中观察到磁电耦合效应,而对于分子基材料而言虽然有一些铁电和铁磁性共存的例子被报道,但在它们中未观察到磁电之间的耦合效应

4.2　光学配合物及其应用

4.2.1　光学配合物

1. 稀土配合物发光

稀土元素由于含有 f 电子而使得含有稀土原子或离子的化合物具有很多独特的物理和化学性质。因此,稀土元素虽然发现比较晚,但是稀土元素化学的发展非常快。我国稀土资源丰富,广大科学工作者们在稀土的萃取、分离、纯化以及稀土金属配合物的制备、结构、催化性能等方面开展了一系列系统而深入的研究工作,取得了许多得到国际同行认可和赞许的成果。稀土配位化学是 20 世纪兴起并逐步发展起来的一个分支学科。近年来稀土配合物以及稀土－过渡金属配合物由于在配位催化、发光材料、磁性材料等方面有着广阔的应用前景,因而相关研究工作已经引

起了人们的极大兴趣。

当分子或固体材料从外界接收一定的能量(外界刺激)之后,发射出一定波长和能量的光的现象称之为发光。根据外界刺激(激发源)的方式可以将发光分为光致发光(PL)、电致发光(EL)等,如表 4-2 所示。在本节中,我们将主要介绍研究较多的金属配合物的电致发光。实际上从发光原理来讲,无论是何种外界刺激都是使分子从基态激发到激发态,而这种激发态不是一种稳定的状态,需要通过某种途径释放出多余的能量后回到稳定的状态。如果这个释放能量的途径是以辐射光子的形式来实现的话就会产生发光现象,这二过程一般称为辐射跃迁。除了发光的辐射跃迁之外,还有振动弛豫、电子转移、系间窜跃等方式释放多余的能量,这些途径释放能量都不伴随发光现象。这就说明了在受到光照等外界刺激时,为什么有些分子、固体材料会发光,而有的则不发光。因此,为了提高分子的发光效率一方面要增强分子的辐射跃迁,另一方面要尽可能减少辐射跃迁之外的其他可能释放能量的途径。

金属配合物由于其特定的组成和结构,使其可能具有很好的发光性能而成为人们研究的热点。而稀土金属离子由于激发态的寿命相对较长($10^{-2} \sim 10^{-6}$ s),从而使得含有稀土金属离子的配合物作为发光材料具有诱人的应用前景。

表 4-2 常见的几种发光类型

发光类型	激发源	应用
光致发光	光子	等离子体显示器
电致发光	电场	发光二极管
阴极发光	电子流	彩电
摩擦发光	机械能	
化学发光	化学反应能	分析化学
生物发光	生物化学反应能	
X射线发光	X射线	X射线放大器
声致发光	超声波	
热致发光	热能	
溶剂发光	光子	检测器

2. 有机电致发光配合物

光致发光是最基本的发光类型,我们对其较为熟悉。物质在外加电场的作用下发光的现象称为电致发光(EL)。从这个定义可以看出,实际上电致发光与其他发光之间没有本质的区别,只是激发的方式不同。用于电致发光的配合物必须具有良好的光致发光性能,因此实际上是光致发光配合物在电致发光器件中的一种应用。除此之外,作为电致发光的配合物还必须具备足够的稳定性,能够满足在电致发光材料加工过程中不发生分解的条件;再者,用于电致发光的配合物还要具有良好的导电性和载流子传输能力。另外,配合物还要有可加工性,一般需要将配合物加工成薄膜后用作电致发光材料,这就要求配合物要有一定的成膜性。总之,电致发光对配合物的要求要比光致发光的高。

目前研究较多的是分子薄膜电致发光器件。该器件一般由阴极、发光层和阳极组成,其中阴极材料通常为镁、铝、银等金属,阳极材料为氧化铟-氧化锡(-ITO)玻璃,发光层则为具有良好发光性能的金属配合物。其结构如图 4-7(a)所示,这是最简单的单层夹心式结构。如果在发光层与阴极或发光层与阳极之间加入一层所谓的传输层变为双层结构,或者是在发光层与阴极和发光层与阳极之间分别加入一层电子传输层和空穴传输层形成三层结构的电致发光器件,如图 4-7(b)所示,研究发现这种双层或多层结构可以提高发光强度。电子传输层(材料)一般为共轭芳香族化合物,例如,图 4-8 中恶二唑类化合物 PBD,8-羟基喹啉铝[Al(Q-OH)$_3$]也是一种常用的电子传输材料;而空穴传输层(材料)一般则为芳香多胺类化合物,如图 4-8 中的 TPD。这些电子传输材料和空穴传输材料又常被统称为载流子传输材料。目前电致发光器件中使用较多的是三层结构。这一类器件一般用真空蒸镀的方法加工而成,薄膜的厚度约为几十个纳米。

电致发光器件中的发光过程可以大概描述为:电致发光器件在电场作用下,阳极向发光层输入空穴,阴极则向发光层输入电子,这样空穴和电子在发光层中结合形成激子,激子如同光致发光中的光子一样激发发光层中金属配合物从而产生发光现象。

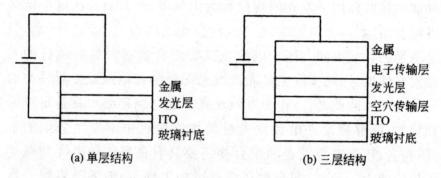

图 4-7   薄膜电致发光器件

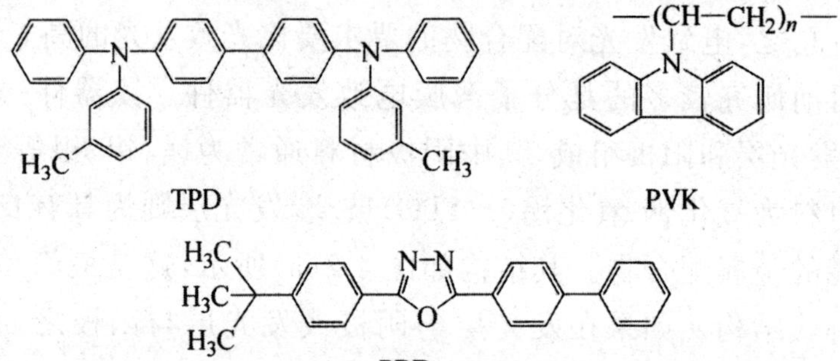

TPD

PVK

PBD

图 4-8   用作空穴传输材料 TPD、PVK 和用作电子传输材料的 PBD 的结构式

我国科学家在稀土配合物的电致发光器件研究方面开展了大量的工作,做出了重要贡献。北京大学课题组合成了一系列含有不同取代基的吡唑酮配体和各种不同第二配体的铽配合物,系统研究了它们的电致发光性能,探讨了取代基和第二配体结构对稀土配合物发光性能的影响。发现 ITO/TPD(42nm)/PTT(42nm)/[Al(Q-OH)$_3$](42nm)/Al(50nm)器件在 18V 电压驱动下,最大发光亮度为 920cd·m^{-1},是目前稀土金属配合物作为发光层的电致发光器件中发光亮度最大的器件。从其电致发光光谱中可以看出,该器件也显示出铽离子的特征发射光谱。

除了发绿色光的铽配合物之外,还有发红色光的铕配合物、发蓝色光的铥配合物等方面的研究报道。利用 Dy^{3+} 配合物制成的 ITO/PVK/[Dy(acac)₃(phen)]/Mg：Ag 器件由于发出黄色(发射波长约 580nm)和蓝色(发射波长约 480nm)2 种光,如图 4-9 所示,而表现为白色发光器件。

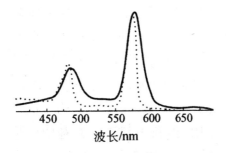

波长/nm

图 4-9　ITO/PVK/[Dy(acac)₃(phen)]/Mg：Ag 器件的电致发光(实线)和光致发光(虚线)光谱

稀土配合物的发光特点是谱带窄、颜色纯正、发光颜色和发光强度可以通过选择不同的稀土离子、选择不同结构的配体以及添加第二、第三配体形成二元或多元配合物等方法来进行调节。因此,在高色纯的显示器件方面具有广阔的应用前景。但是,要将稀土配合物真正应用到电致发光器件上还有很多问题需要解决,其中最为关键的就是器件的稳定性和发光效率问题。为此,目前众多科学家们正在进行相关研究,努力早日解决这些问题,期望在不久的将来能够成功地将稀土配合物应用到电致发光器件中去。

3. 发光金属凝胶

发光金属凝胶是发光配合物作为胶凝剂通过分子间作用固化溶剂而形成的软固态材料。胶凝剂通过氢键、范德华力和 π-π 堆积等弱相互作用自组装形成长度在微米尺度和直径在纳米范围的纤维状结构。大量的纤维状结构间交联缠绕进一步形成三维网络状结构,从而使溶剂凝胶化。这些弱相互作用可能在加热、超声、振荡以及外加离子等外在刺激下被弱化甚至完全破坏，撤离这些外在刺激则可以返回到原始凝胶态，形成多响应发光材料。迄今为止，人们对具有 d^6（Re^I）、d^8（Pt^{II}）和 $d\text{III}^{10}$（Au^I）电子组态及稀土的金属配合物形成的金属凝胶进行了研究。这些金属配合物具有发光寿命长和量子产率高等特点。

设计合成金属胶凝剂的关键是通过配体设计有效控制体系分子间的氢键和范德华力等非共价键。而对具有 d^8（Pt^{II}）和 $d\text{III}^{10}$（Au^I）电子组态的平面型发光配合物而言，其成胶过程可能还与配合物之间金属-金属、π-π 堆积等弱相互作用密切相关。

铂（II）配合物具有平面四边形结构，在特定条件下表现出 Pt-Pt 和 π-π 相互作用，再利用基于酰胺基团所形成的氢键以及长烷基链之间的范德华力可以获得发光金属凝胶。典型的铂胶凝剂包括含有 3,4,5-三（正十二烷氧基）苯甲酰胺基团的 8-羟基喹啉铂（II）和 3,4,5-三（正十二烷氧基）苯甲酰胺取代的苯乙炔基三吡啶铂（II）光谱研究显示前者表现出基于 J 型聚集的强 π-π 相互作用（J 聚集体是指染料分子之间通过头对尾排列形成的聚集体，其吸收光谱较单分子染料的吸收发生了红移，并且吸收峰更为尖锐），而后者具有强 Pt-Pt 相互作用，因而导致了 ^{3}MMLCT（$d\sigma* \rightarrow \pi*$）发射。通过透射电子显微镜可以观察到纳米尺度的纤维状聚集结构。这些凝胶展示了热可逆的溶液/凝胶相变。与其溶液状态相比，凝胶有效降低了氧气对其三重态发光的猝灭。随后的研究发现即使没有酰胺基团，此类胶凝剂如 3,4,5-三（正十二烷氧基）苯乙炔三吡啶铂（II）也能形成凝胶。有趣的是随着其抗衡阴离子的改变，这些凝胶呈现出不同的颜色。这是由于抗衡离子能够有效调节配合物间 Pt-Pt 和 π-π 相互作用，使配合物在成凝胶过程中聚集程度不同所致。

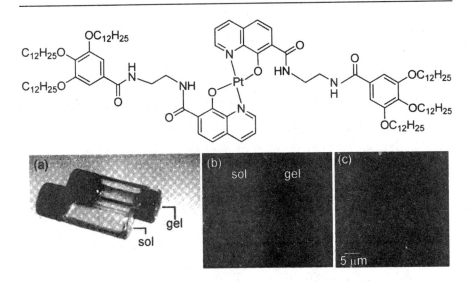

图 4-10　典型铂凝胶剂分子式及在不同光照射下的照片

（上）胶凝剂的结构式[18]；（下）(a)溶胶和凝胶的可见光下照片，
(b)紫外灯下照片，(c)干胶的荧光显微镜照片

具有 d^6（Re^I）电子组态的金属离子一般是球形配位微环境，因此此类配合物之间经常缺少直接的金属-金属、π-π 相互作用。但是，通过选择和设计配体，可有效调节配合物之间的超分子作用，从而获得一系列铼的发光配合物凝胶。和过渡金属凝胶相比，基于稀土发光配合物的凝胶还处于起步阶段。目前，仅有一篇文献报道了基于 2,6-二（吡唑）吡啶多羧酸两亲性配体的三价铕离子配合物可以在十二烷中形成凝胶，其发射光谱形状和溶液不同，可能源于凝胶中各种形式的超分子相互作用，如图 4-11 所示。

发光金属凝胶最吸引人之处是其对加热和外加离子等外在刺激的响应性。一般情况下，随着温度的升高，发光配合物凝胶逐渐转变成溶液形式，其发光强度随着温度的升高而逐渐降低。出乎意料的是，基于 2,6-二（苯并咪唑基）吡啶苯乙炔基三吡啶铂（Ⅱ）凝胶表现出基于金属微扰的配体分子内跃迁三重态发射（^{3}IL），而随着温度的升高出现基于激基缔合的^3（π-π*）磷光增强，如图 4-12 所示。3,5-（十八烷氧基）苄基取代的吡唑三核金（Ⅰ）配合物在正己烷中能形成凝胶。通过加热，这一凝胶变为透明的溶液,其中凝胶的红色磷光消失,冷却溶液则可以返回到原始的红发光凝胶态。往红色发光凝胶加入少量的 Ag⁺ 会产生蓝色磷光凝胶,加入 Cl⁻ 产生 AgCl 沉淀,可以返回到原始红发光凝胶。加热 Ag⁺ 掺杂的蓝发光凝胶可产生绿色发光的溶液。当加入 Cl⁻ 产生 AgCl 沉淀时,溶液的绿色磷光会消失。这些过程展现了一个可逆的"红绿蓝"磷光开关循环,如图 4-13 所示。

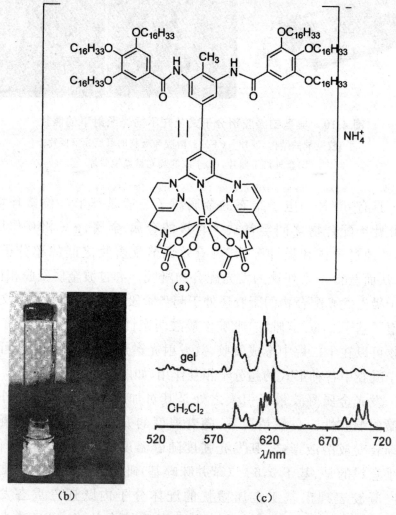

图 4-11　凝胶中各种形式超分子相互作用

(a)胶凝剂的结构式;(b)胶凝剂在十二烷烃中所形成的凝胶在紫外线及
可见光下的照片;(c)胶凝剂的二氯甲烷溶液及凝胶的发射光谱

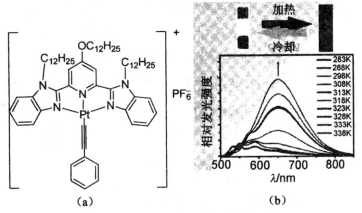

图 4-12　凝胶发光与温度的关系

(a)胶凝剂的化学结构式；(b)由凝胶转变为溶液的磷光增强照片(上)，
随温度变化的发光光谱(下)

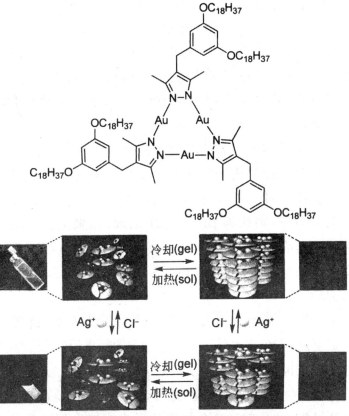

图 4-13　三核金胶凝剂的结构式及可逆的凝胶-溶胶
"红绿蓝"磷光开关循环

发光金属凝胶既具有配合物的发光性能,又兼具凝胶材料的多响应性和可加工性,已在化学传感和光电器件等方面显示出潜在的应用前景。从目前的研究进展来看,发光金属凝胶的响应性主要集中在热方面,只有极少数例子表现出对外加离子的响应性。将来的工作集中在发展具有多级有序结构的多响应发光金属凝胶,并系统研究其材料形态、外在刺激响应与光物理性质,以期获得三者之间的内在关系。

4.2.2 荧光探针及其应用

荧光探针是指其荧光性质(激发和发射波长、强度、寿命、偏振等)可随所处环境的性质和组分等改变而灵敏地改变的一类荧光性分子。荧光探针由于检测方法简单、快速、操作方便和灵敏度高等优点而备受关注。荧光探针及荧光分子传感器一般是由荧光团、间隔基和受体三部分组成。其设计原理主要基于光诱导电子转移(PET)、分子内电荷转移(ICT)、电子能量转移(EET)、激基缔合物等机理。

荧光分子传感器可分为三类不同类型:

①荧光团与被分析物之间直接发生碰撞反应导致荧光猝灭。

②荧光团与被分析物之间直接发生可逆的螯合作用,如果被分析物为氢质子,则称为 pH 荧光指示剂,如果被分析物为离子,则称为荧光螯合剂;传感器与离子配位后,发光可能增强,称为螯合增强荧光效应(CHEF),也可能导致荧光的猝灭,称为螯合猝灭效应(CHEQ)。

③荧光团分子通过间隔基或直接与受体连接,这类传感器,主要依据受体对离子或分子的选择性识别,来设计及合成的。

分子识别可认为属于超分子化学的范畴。荧光分子与被分析物配位后其光物理性能的变化,是由于改变了电子转移、电荷转移、能量转移过程,以及激基缔合物等的形成或消失而导致的。其中,第二类和第三类荧光探针与被分析物之间主要发生配位反应,配合物的离解常数应该位于被分析物的浓度范围内,但该范围随被分析物所处的环境不同而变化。有关荧光探针的详细知识,一些专著和许多综述已有专门论述,限于本书篇幅,在这里不再举例。

以含有 Re^I 多吡:啶作为发光团而冠醚作为受体分子的 A 和 B 为例,如图 4-14 所示。钙离子的加入能使分子 A 的发光增强 8 倍,而氮杂冠醚质子化后其发光增强倍数则为钙离子增强倍数的 2 倍。由于分子 A 中 Re^I 到多吡啶的 MLCT 态变为氮杂冠醚到多吡啶的无荧光的 LLCT 态,这就很好解释了分子 A 未加入其它金属离子时荧光量子产量和寿命都较低的原因,当然,PET 效应也是导致其荧光猝灭的一种途径。加入金属离子后该过程被抑制使荧光增强。尽管铅离子有重金属效应,但铅离子的加入能使分子 B 的发光显著增强。

Beer 研究发现配合物 C 和 D(图 4-14)的发光对阴离子 Cl^- 和 $H_2PO_4^-$ 有选择性识别,联吡啶钌与二茂铁以酰胺键相连,配合物通过静电引力及氢键与阴离子配位,控制因二茂铁而引起的联吡啶钌荧光猝灭,从而识别阴离子。其中配合物 D 表现出一些令人感兴趣的性质,其大环对 Cl^- 的选择性比 $H_2PO_4^-$ 要高,同时,Cl^- 也使配合物 D 的发光大大增强。

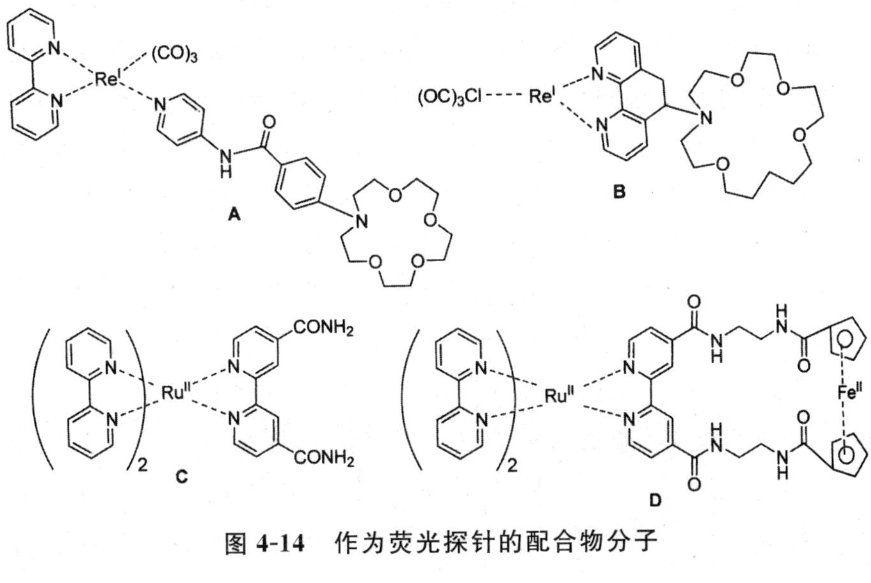

图 4-14　作为荧光探针的配合物分子

荧光探针的设计合成及应用研究已成为目前化学、材料学、生物学、医学和环境科学等领域的研究热点。如何更好地优化已有荧光探针的性能，进一步推进其在各个研究领域的实际应用，以及开发性能更佳的新型荧光探针，对各个研究领域都具有非常重要的意义。

4.3 配位聚合物及其应用

4.3.1 配位聚合物

配合物中还有一些性质并不直接来源于金属离子和配体，而是由配合物中空腔的大小、形状等因素决定的，这种空腔可以是配合物分子内的空腔，也可以是分子间堆积而产生的空腔。人们所熟悉的分子识别就是利用配合物的空腔对客体分子的识别。利用分子组装和晶体工程的方法可以得到不同大小和形状空腔的配位化合物。通过选择合适的金属离子和有机配体使得空腔的大小和形状在一定程度上可以人为地进行调控。因此，该类化合物在催化、分子/离子识别和交换、气体和有机溶剂分子的可逆吸附等方面具有广阔的应用前景，相关研究也越来越受到人们的重视。在这里，我们将着重介绍具有多孔结构配位聚合物的合成。

我们知道配合物是由配体和金属离子通过配位作用连接而形成的分子，其中金属离子可以看作结点，配体看作间隔基团。因此，如果选择合适的双齿或多齿配体与具有一一定配位构型的金属离子作用就可能形成具有无限结构的配位聚合物。但是，要得到多孔，特别是孔径较大的配位聚合物一般需要选择具有一定刚性的有机配体，常用的 4,4-联吡啶及其衍生物，4,4'-二(4-吡啶基)联苯都是直线型双齿刚性配体。另外，由于相互贯穿会导致孔径的大幅度减小甚至完全消失，因此在设计合成多孔配合物时要尽可能避免贯穿结构的形成。为此,可以通过在配体中引入位阻足够大的取代基团或间隔基来阻止贯穿的发生;另外一种较为常用的做法是在反应中添加合适的模板剂,用以占据孔道使之不能发生贯穿,在配合物形成之后除去模板剂从而得到多孔配合物。

目前报道较多的是含有吡啶、咪唑基团的含氮有机配体,此外还有羧酸类的含氧配体、有机膦类的含磷配体等。多用含有两个配位基团的双齿配体、含有 3 个配位基团的三齿配体等多齿配体用以连接多个金属离子。得到的配位聚合物有一维、二维和三维结构,其中多孔配合物中以二维和三维结构居多。另外,这些配位聚合物的一个特点就是溶解度较差,一般不溶于常规的有机和无机溶剂,作为材料来讲这是有利的。但是,从合成的角度来讲,由于难溶或不溶使得该类配合物不能用重结晶等溶液方法来进行纯化和培养晶体,因此这一类配合物主要是通过分层、H 管扩散以及水热/溶剂热等方法进行合成和单晶培养。Bunz 和 zur L-oye 等人报道的通过在两个吡啶基团之间引入刚性且位阻较大的基团而得到的配体 L,如图 4-15 所示,实际上可以看作类似 4,4′-联吡啶的近似直线型的双齿刚性有机配体。利用配体 L 与硝酸铜通过分层扩散缓慢反应的方法得到配合物 $[Cu(L)_2(NO_3)_2]$。X 衍射晶体结构分析结果显示这是一个具有二维方格状结构的配位聚合物,其中每个方格的大小为 $2.5 \times 2.5 nm^2$。但是,从图 4-15 右边的堆积图中可以清楚地看出,由于二维层状结构并不是完全对齐的排列,而是以 ABAB 方式堆积,因此堆积之后形成的孔道结构的孔径是 $1.6 \times 1.6 nm^2$。也就是说,晶体堆积使其孔道大小减小了许多。

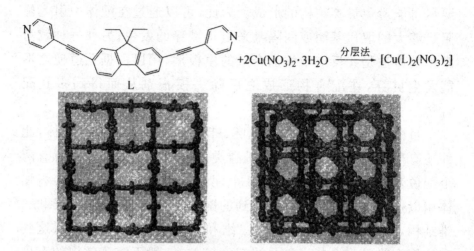

图 4-15 具有二维网状结构的多孔配位聚合物[Cu(L)₂(NO₃)₂]的合成及结构

在配位原子周围引入较大基团也可以有效地防止贯穿结构的形成。例如，James 及其合作者们利用 1,3,5-三(二苯基膦)苯与三氟甲基磺酸银反应得到了一个具有纳米孔径的多孔配位聚合物[Ag₄(triphos)₃(CF₃SO₃)₄]。在该配合物中每个配体通过 Ag—P 键连接 3 个金属离子，而每个 Ag 周围有的有两个 P 配位，有的则有 3 个 P 配位，这样就形成了由 18 个 Ag 和 12 个 triphos 组成的六边形孔洞的二维网状结构，虽然 Ag 周围有阴离子存在，通过 Ag—O 弱配位作用与 Ag 相连，从而占据了孔洞的部分空间，但是孔洞的有效孔径仍有 1.6nm。1,3,5-三(二苯基膦)苯与三氟甲基磺酸银反应得到了一个具有纳米孔径的多孔配位聚合物[Ag₄(triphos)₃(CF₃SO₃)₄]的反应如图 4-16(a)所示，[Ag₄(triphos)₃(CF₃SO₃)₄]的结构如图 4-16(b)所示。尽管孔洞的直径如此大，由于配位 P 原子周围有苯环存在，因而并没有形成贯穿结构。而且，该二维网状结构通过重叠式堆积，所以也没有出现配合物[Cu(L)₂(NO₃)₂]中因为交错排列而造成孔道减小的现象。研究发现该配合物的孔道中可以填充水、乙醇、乙醚等溶剂分子，而且这些客体分子在减压或加热条件下可以部分或全部地被除去,粉末衍射等测试证实其骨架结构保持不变。表明由刚性配体构筑的多孔配位聚合物[Ag$_4$(triphos)$_3$(CF$_3$SO$_3$)$_4$]具有相当好的稳定性。

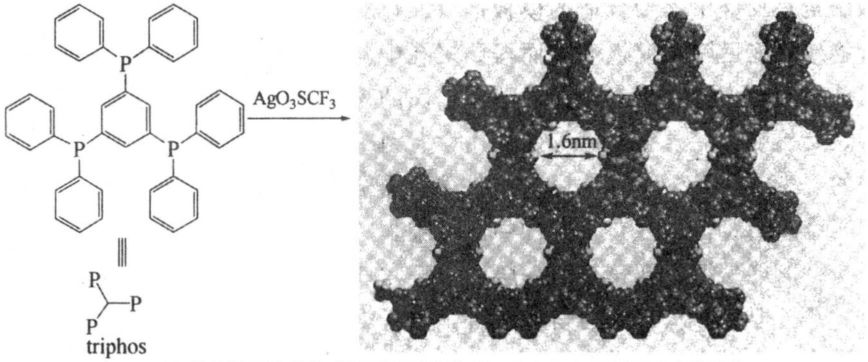

(a) 具有纳米孔径的多孔配位聚合物 [Ag$_4$(triphos)$_3$(CF$_3$SO$_3$)$_4$] 的结构

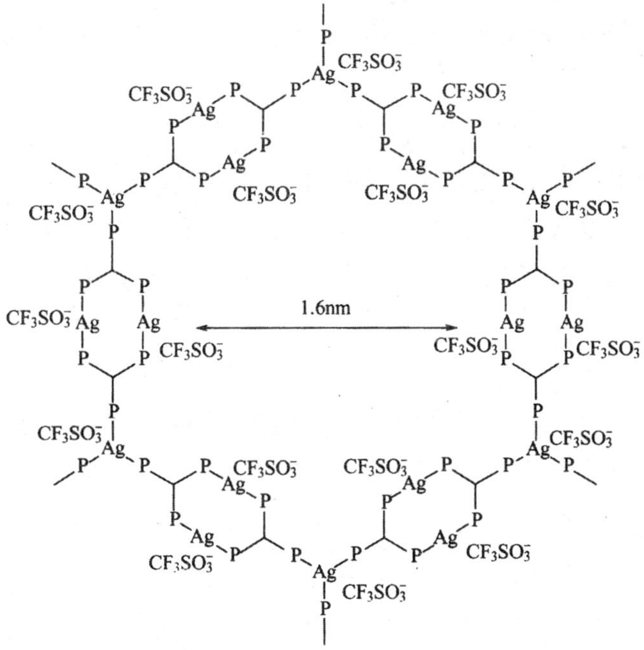

(b) 配位方式

图 4-16　[Ag$_4$(triphos)$_3$(CF$_3$SO$_3$)$_4$]的结构及配位方式

除了配位作用之外,氢键、π-π 堆积等弱相互作用在多孔配位聚合物的形成、结构乃至性能方面都有很重要的作用。研究表明这些多孔配位聚合物在分子/离子的识别和交换、催化、气体分子的存储等方面具有潜在的应用价值。

4.3.2 配位聚合物多孔材料

对于配合物的功能特性，目前主要作为光电磁、药物、催化等特性进行应用。配位聚合物作为储气特性的研究，近几年十分活跃。现将配位聚合物主要功能分子识别及离子识别与离子交换介绍如下。

1. 分子识别

分子识别是当今超分子化学中人们研究的热点问题之一。所谓分子识别就是底物或客体分子存储和受体分子读取分子信息的过程。从前面的介绍中我们可以看出多孔配位聚合物中的空腔是有一定大小和形状的，只有那些立体（形状和尺寸大小）和作用力（静电、氢键、疏水作用等）互补的底物分子才能结合到空腔中。因此，该类多孔配合物具有分子识别的功能。这种识别将会在分子探针、分子器件和手性分离等方面得到应用。

2. 离子识别与离子交换

与客体分子一样，不同的离子也具有不同的尺寸和形状。例如，最常见的 PF_6^- 为八面体形，ClO_4^-、BF_4^-、SO_4^{2-} 为四面体形，NO_3^-、NO_2^- 为平面形等。因此，配位聚合物的孔道（洞）结构对离子同样可能具有识别作用。另外，这些阴离子通常情况下都存在于配位聚合物的孔道（洞）中，并通过氢键等弱相互作用与骨架相连接。这些通过非共价键性弱相互作用结合的阴离子可能能够被其他阴离子交换。也就是说，这一类配位聚合物可能具有离子交换的性能。

作为吸附材料需要满足如下几个条件：

①孔道足够大，一般是三维孔。

②尽量避免网络互穿。

③热力学稳定性高;孔道结构稳定。

④具有可逆性等。

作为储存材料应用的三维配位聚合物经历了三个发展阶段,如图 4-17 所示,第一代配位聚合物显示可变的孔结构,但客体分子失去以后不稳定;第二代配位聚合物具有稳定的骨架结构,可逆性地脱去或重新吸收客体分子,在相与结构上没有变化;第三代配位聚合物显示出动力学结构特征,外部的刺激(如压力、光等的变化)对于配合物骨架相应会产生影响[2]。

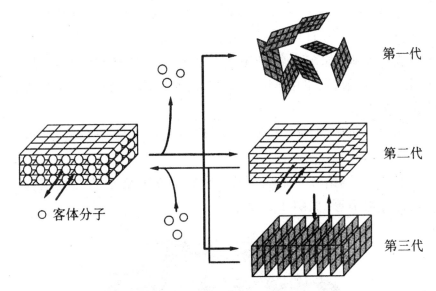

图 4-17　具有孔洞的三维配位聚合物发展历程

我们往往对具有吸附能力的配位聚合物的孔洞性进行描述,在文献上有如下两种孔径表示方法来描述孔洞大小:

①金属与金属之间距离,金属是不占空间体积的粒子。

②有效孔径,用范德瓦尔斯半径表示原子,在范德瓦尔斯半径外空间就是孔径。这两种方法普遍使用,用得最多的是第一种方法。

在比较有效孔径时要看清楚文献中指的是哪一种表示方法。例如,配合物 $[Cu(SiF_6)(bipy)_2]_n$ 的孔洞,第一种表示方法为 $11Å \times 11Å$,第二种表示方法是 $8Å \times 8Å$,第二种表示方法明显比第一种表示方法的孔径小,而第二种方法可以判断这种材料适用到何种分子能进入孔洞中。

在合成大的孔洞的材料中,特别要注意如下两点:

①配位聚合物结构稳定性,移去客体分子仍能保持稳定。

②防止网络互穿。

防止网络互穿的方法有两种:

①设计不易形成互穿网络的配体,对于网络互穿也有不同看法,认为具有网络互穿的配位聚合物也有可能作为材料,只要有孔洞性多。仍可能用于储气,网络互穿是提高了稳定性(热稳定性、结构稳定性),而且若不以孔洞为应用性,则其余方面的应用性可能会增强,如配合物$\{Mn[C(CN)_3]_2\}_n$具有网络互穿结构,如图 4-18 所示,网络中 Mn—Mn 有强的磁耦合效应,表现出强的反铁磁耦合。

②用有机溶剂填充孔洞,只要使用的溶剂分子合适,就可避免网络互穿。

事实上,网络互穿非常复杂,单是正方形格子的二重倾斜互穿就有三种情形,如图 4-19 所示。

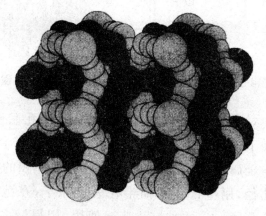

图 4-18　具有网络互穿特征的配合物$\{Mn[C(CN)_3]_2\}_n$的结构

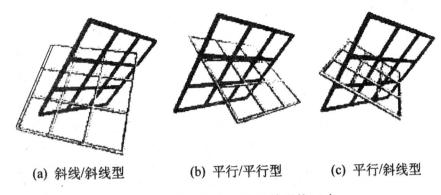

(a) 斜线/斜线型　　(b) 平行/平行型　　(c) 平行/斜线型

图 4-19　正方形格子的三种网络互穿

经过仔细研究与总结,发现客体分子进入配位聚合物的孔道
中会发生结构上的一些变化,主要有三种情形,如图 4-20 所示。

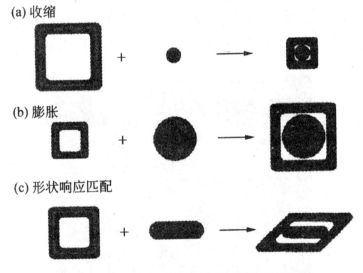

(a) 收缩

(b) 膨胀

(c) 形状响应匹配

图 4-20　客体分子对配位聚合物孔道的影响

目前研究的具有储气特性的配位聚合物主要有两类,即金属
－芳香羧酸类和金属二联吡啶桥联类。Yaghi 认为后一类意义不
大,因为热稳定性不够高,所以 Yaghi 除了早期合成过含联吡啶
的配位聚合物外,主要的精力都投入到金属－芳香羧酸类配位聚
合物的设计与构造上。接下来,我们通过如下实例来对配位聚合

物的储气特性进行介绍。

利用中性配体(如 $4,4'$-bipy)来构造配位聚合物的研究非常多,其中,$[Cu(4,4'$-bipy$)_2SiF_6]_n$ 是一个较为典型的例子,现代科学观察发现,$[Cu(4,4'$-bipy$)_2SiF_6]_n$ 的结构如图 4-21 所示。起始原料 $Cu(ClO_4)_2$、$(NH_4)_2SiF_6$、$4,4'$-bipy 利用多种溶剂通过溶液分层方法可以合成 $[Cu(4,4'$-bipy$)_2SiF_6]_n$ 配位聚合物,使用的溶剂可以是乙醇、乙二醇等。不同的溶剂和合成条件下,孔道中填充的客体分子有差异,但主体骨架不会变化。另外,值得注意的是这个配位聚合物放置在空气中会逐渐失去晶体特征,变成粉末状固体,但无论是晶体还是粉末都有储存气体的能力,因此在从晶体变成粉末状产物后其孔道可能仍未垮塌,不过精细的实验研究发现,晶体特征与变成粉末的材料以及放置时间的差异会导致这个配合物的气体储存能力有差异。另外若不使用高氯酸铜,则合成产物可能复杂化,如若起始原料用醋酸铜会出现 $\{[Cu_2(CH3COO)(OH)(H_2O)(4,4'$-bipy$)](2H_2O)(SiF_6)\}_n$ 产物。

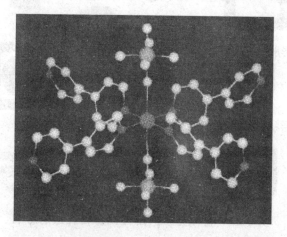

图 4-21 配合物 $[Cu(4,4'$-bipy$)_2SiF_6]_n$ 的结构

如图 4-22 所示,从不同方向观察,发现这个配合物分别具有 $8\text{Å} \times 8\text{Å}$ 和 $8\text{Å} \times 4\text{Å}$ 的孔道特征。大量的实验和研究表明,这样的孔道足可以容纳甲烷分子,因此可以用于甲烷等气体分子的储存。

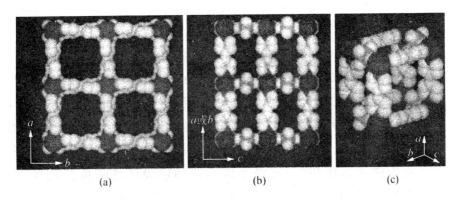

图 4-22 配合物 $[Cu(4,4'\text{-bipy})_2SiF_6]_n$ 的三维网络

实验发现 $[Cu(4,4'\text{-bipy})_2SiF_6]_n$ 有很高的甲烷吸附量。在 36 个标准大气压、298K 下 CH_4 吸附量为 $6.5\,mmol \cdot g^{-1}$,作为对比,5Å 分子筛在 36 个标准大气压下甲烷吸附量为 $3.7\,mmol \cdot g^{-1}$,如图 4-23 所示,是配合物 $[Cu(4,4'\text{-bipy})_2SiF_6]_n$ 与 5Å 分子筛吸附甲烷的比较。

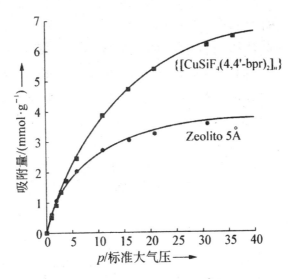

图 4-23 配合物 $[Cu(4,4'\text{-bipy})_2SiF_6]_n$ 与 5Å 分子筛吸附甲烷的比较

4.3.3 配位聚合物光学材料

近年来,配位聚合物是一个十分热门的话题,通过金属离子和配体选择,借助配位键这种强相互作用,有可能做到对化合物结构(或拓扑结构)的有效控制,从而实现宏观物质预期的功能性,即实现从分子工程到晶体工程的跨越。基于配位聚合物在晶体工程中的独特优势(对宏观晶体结构的可设计性和可预测性),将其应用于新型二阶非线性光学材料的研究开发,显示了极为诱人的前景。本节,我们以二阶 NLO 配位聚合物为例,简单介绍一下配位聚合物在光学领域的应用。

分子基二阶 NLO 材料须满足的三个基本条件:

①其宏观晶体属非中心对称的点群;

②体系中存在潜在的电荷不对称因素;

③在激光工作波长范围的吸收尽可能小,从分子设计的角度出发,在设计二阶 NLO 配位聚合物时,桥联配体应选择具有离域 π 电子的不对称有机分子,如图 4-24 所示,是一些常见的组装二阶 NLO 配位聚合物的桥联配体。金属离子主要以 Zn^{2+}、Cd^{2+}、Hg^{2+} 等过渡金属离子为主。这类离子具有 d^{10} 电子结构,可有效避免 d-d 跃迁引起的光吸收,与之相对应配位聚合物也就具有一些良好的光学性质。

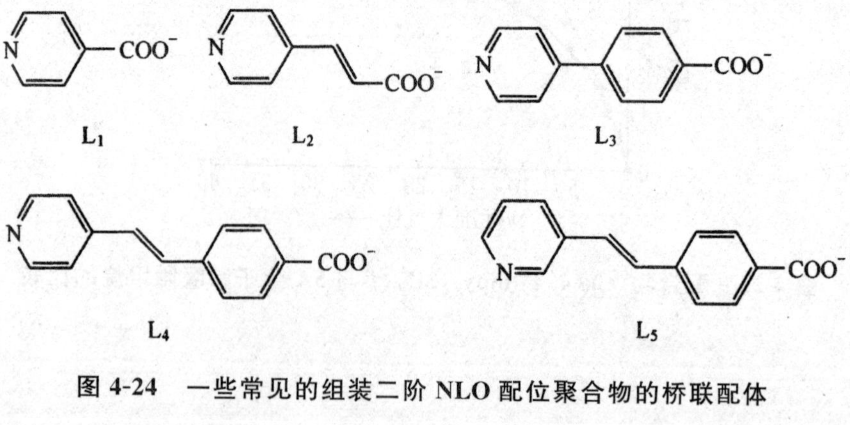

图 4-24 一些常见的组装二阶 NLO 配位聚合物的桥联配体

配位聚合物宏观晶体结构的可设计性和性能的可预测性,适于应用在新型二阶非线性光学材料的研究开发中。按照目前已研究过的二阶非线性光学配位聚合物的结构类型,可分为 3D 金刚烷型网络结构、2D 网格结构和 1D 螺旋结构。限于本书篇幅,这里我们不再详细介绍,读者可以查阅相关资料。

4.3.4　配位聚合物磁学材料

配位聚合物在磁学材料方面也有着十分重要的应用,本节我们以基于自旋倾斜的单链磁体为例来讨论配位聚合物在磁学材料中的应用。

通常情况下,我们认为同自旋反铁磁偶合的一维体系,自旋载体间反平行排列,低温下成为反铁磁体,不会表现宏观磁体的特性,也不会具有单链磁体行为。但一些特殊的同自旋一维链体系,由于桥联配体连接方式的特殊性,表现出反铁磁偶合的自旋倾斜特性。若在这种具有自旋倾斜特性的一维链中,自旋载体本身具有大的磁各向异性,且链间存在体积大的基团有效阻止链间的磁交换作用,则这一体系有可能具有单链磁体行为。因此,利用大的磁各向异性自旋载体构筑自旋倾斜一维链,成为获得单链磁体的有效途径之一。如图 4-25 所示,是由反铁磁偶合的自旋倾斜链到单链磁体的磁化弛豫过程示意图。

由 Mn^{III}-卟啉配合物与苯基亚磷酸组装的自旋倾斜一维链配位聚合物 $\{[Mn(TPP)O_2PHPh] \cdot H_2O\}_n$,于几年前,被 Bernot 等人报道了出来。由于 Jahn－Teller 效应的存在,Mn^{3+} 的配位环境为拉长的八面体。晶体中 $[Mn—O—P—O]$ 沿 c 轴方向形成一维"之"字形 zig-zag 链。链间由体积较大的取代卟啉基团阻隔,有效阻止链间的磁交换作用,使体系具有一维磁性链的独立性,使其有可能具备单链磁体的行为。如图 4-26 中的(a)所示,是该配位聚合物的组装过程,如图 4-26 中的(b)所示,是该配位聚合物的一维链状结构。

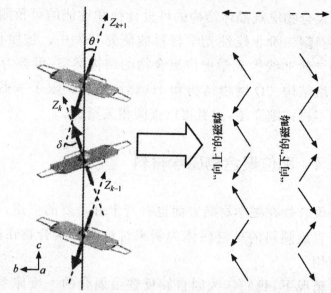

图 4-25 由反铁磁偶合的自旋倾斜链到单链磁体
的磁化弛豫过程示意图

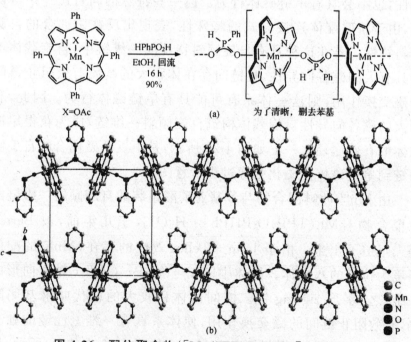

图 4-26 配位聚合物{[Mn(TPP)O$_2$PHPh]·H$_2$O}$_n$
的组装过程与其一维链状结构
（a）配位聚合物{[Mn(TPP)O$_2$PHPh]·H$_2$O}$_n$的组装过程；
（b）配位聚合物的一维链状结构

微晶粉末样品变温磁化率测试结果表明,室温时,磁化率的实验值 $\chi_m T(2.92cm^3 \cdot mol^{-1} \cdot K)$ 与 Mn^{3+} 高自旋未偶合单元的仅自旋值一致 $(S=2, g=1.97)$。随着温度降低,$\chi_m T$ 降低到 3.9K 时最小值 $0.98cm^3 \cdot mol^{-1} \cdot K$,温度进一步降低,$\chi_m T$ 开始增大,这一磁行为表明了该一维体系反铁磁偶合的自旋倾斜特性。实验研究表明,当磁场方向与晶体 b 轴平行时,χ_m 值最大,磁场方向与晶体 b 轴平行时,χ_m 值最小。这一结果证明了体系的易轴磁化特性。温度越低,单晶旋转角度与磁化率的相关性越明显。如图 4-27 所示,分别是配位聚合物 $\{[Mn(TPP)O_2PHPh] \cdot H_2O\}_n$ 的变温磁化率及单晶旋转角度与磁化率的相关图。另外,如图 4-28 所示,在低温 2.3K 下进行单晶样品的交流磁化率测定,交流磁化率的虚部 χ'' 表现出强烈的频率依赖性及磁性与晶体取向的相关性。

磁化的易磁轴沿着 b 轴。不同频率下,交流磁化率 χ'' 的峰值对应温度 T_p 时,利用 Arrhemus 公式

$$\tau = \tau_0 e^{\frac{\Delta E_a}{k_B T}}$$

对体系的热活化过程进行拟合,特征弛豫时间

$$\tau_0 = 1.6 \times 10^{-10} s,$$

活化能满足

$$\frac{\Delta E_a}{k_B} = 3.68K。$$

用 Debye 模型对交流磁化率进行拟合,a 的最佳取值约为 0.1,表明该体系具有很窄分布范围的弛豫时间。

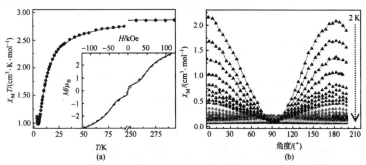

图 4-27　配位聚合物 $\{[Mn(TPP)O_2PHPh] \cdot H_2O\}_n$ 的变温磁化率及单晶旋转角度与磁化率的相关图

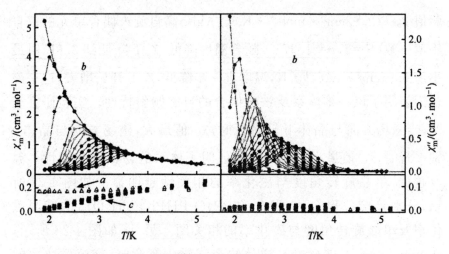

图 4-28 配位聚合物 $\{[Mn(TPP)O_2PHPh] \cdot H_2O\}_n$
单晶样品的交流磁化率

参考文献

[1]刘伟生.配位化学.北京:化学工业出版社,2012

[2]朱龙观.高等配位化学.上海:华东理工大学出版社,2009

[3]戴安帮等.配位化学.北京:科学出版社,1987

[4]Sessoli R,Gatteschi D,Caneschi A,et al. Magnetic bistability in a metal-ion cluster. Nature,1993,365:141~143

[5]张祥麟,康衡.配位化学.长沙:中南工业大学出版社,1986

[6]Rogez G,Donnio B,Terazzi E,et al. The quest for nanoscale magnets:the example of[Mn$_{12}$]single molecule magnets. Adv. Mater. (Weinheim,Ger.),2009,21:4323-4333

[7]罗勤慧等.配位化学.北京:科学出版社,2012

[8]孙为银.配位化学.北京:化学工业出版社,2004

[9]许公峰,王庆伦,廖代正.单链磁体及其研究进展.化学进展,2005,17:970

[10]Glauber R J. Time-dependent statisti cs of the ising model. J. Math. Phys. ,1963,4:294~307

［11］刘又年，周建良.配位化学.北京：化学工业出版社，2012

［12］张永安.无机化学.北京：北京师范大学出版社，1998

［13］宋学琴，孙银霞.配位化学.成都：西南交通大学出版社，2013

第 5 章　生命中的配合物及其应用

由无机化学和生命科学交叉而产生的这门新兴学科打破了在早期人们认为的与生命过程有关的化学都是有机化学的观点。生物无机化学是用无机化学（其中主要是配位化学）的理论和方法研究生命体系中无机元素（主要是金属离子）及其化合物与生物分子的作用和机理，为人们从分子水平上了解生命过程、揭示生命过程的奥秘提供基础。本章将着重介绍生命体系中的配位化学，内容主要包括生命体系中的金属离子、金属酶和金属蛋白、金属药物等。

5.1　生命体系中的金属离子和配体

5.1.1　生物必需元素与有毒元素

目前人们已经知道生物体系中含有多种金属离子。对这些金属离子从不同角度可以有不同的分类方法。按金属离子对生物体系的作用来分，则可以分为生物必需元素和有毒（有害）元素。生物必须元素如若按在生物体系中含量的多少，又可以分为宏量、微量和超微量（痕量）金属元素。另外，不同的金属离子在生物体系中的存在方式也不一样。其中有些金属离子与某些特定的生物分子有固定或相对固定的结合，只有结合在一起才能发挥特定的功能，如金属酶、金属蛋白中的金属离子就是如此；而有些金属离子在生物体系中没有固定的结合对象，主要是起到平衡电荷、平衡渗透压等作用，如钠、钾等碱金属离子。下面我们分别来介绍。

1. 生物必需元素

生物必需元素又称必需元素或生命元素。简单地讲就是维持正常生命活动所必需的元素,缺少会导致严重病态甚至死亡。G. C. Cotzias 等人认为作为生物必需元素需要具备这几个条件:该元素在不同的动物组织内均有一定的浓度;去除该元素会使动物造成相同或相似的生理或结构上的不正常,恢复其存在可以消除或预防这些不正常;该元素有专门生物化学上的功能。生物必需元素按其在生物体中含量来分可以分为:宏量结构元素,包括碳、氢、氧、氮、磷、硫;宏量矿物元素主要有钠、钾、镁、钙等元素;微量金属元素,包括铁、锌、铜等;超微量金属元素,已经知道的有锰、钴、钼、镍、铬、钒、镉、锡、铅、锂等;微量和超微量非金属元素,主要有氟、碘、硒、硅、砷、硼等[1]。生物无机化学中涉及的主要是微量和超微量金属元素。感兴趣的读者可以查阅相关资料获知生物必需微量和超微量金属元素及其在生命体系中的主要生物功能和部分代表性金属酶、金属蛋白。限于本书篇幅,在这里不再列出。

2. 有毒元素

有毒元素是指那些存在于生物体内会影响正常的代谢和生理功能的元素。明显有害的元素有 Cd、Hg、Pb、Tl、As、Sb、Be、Ba、In、Te、Se、V、Cr、Nb 等,其中 Cd、Hg、Pb 为剧毒元素。

值得注意的是,同一元素往往既是必需元素,又是有毒元素,典型的例子有 Cd、Pb、Cr 等。关键要看其量是否合适,太少可能引起某些疾病和不正常。如适量的 Cd、Pb、Cr 对生物体来说是必需的,因此它们是生物必需元素,但是摄入过量的 Cd、Pb、Cr 就会发生中毒。还有,缺铁会导致贫血,太多则可能引起中毒。G. Bertrand 等人提出了最佳营养定律,即,缺乏不能成活,适量最好,过量有毒如图 5-1 所示。此外,有些金属离子是否有毒性与其存在方式、价态等有关。常见的有 Cr、Ni 等元素,适量的 Cr^{3+} 和

Ni^{2+} 对生物体都是有益的物质,但是 CrO_4^{2-}、$Ni(CO)_4$ 则是有害物质,都是致癌物。

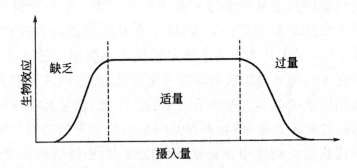

图 5-1　生物必需元素摄入量与生物效应之间的关系

另外,需要指出的是生物必需元素并不只限于上面所列的元素,还有一些尚未确定的元素。随着生物化学等相关研究和分离、检测手段的不断发展,一些含量少或者很不稳定的金属酶、金属蛋白的分离、表征也将成为可能,从而使得现在认为不是生物必需元素的某些元素在将来可能成为生物必需元素。

5.1.2　金属酶与金属蛋白

1. 金属酶

酶是在生物体内的高效催化剂,具有高的专一性和选择性。除简单酶外,都是由不表现催化活性的蛋白质和具有催化性质的辅因子组成。辅因子可以是金属离子或有机分子,含金属离子的称为金属酶。在酶中 1/3 以上是金属酶,在大多数情况下金属离子是金属的活性中心,它是进行电子转移、键合外来分子和进行催化反应的部位,具有稳定结构和调控功能。它的成键方式、配位环境、空间结构和配位化合物极为相似,金属酶可以看成以蛋白质为配体的巨大配合物,所以配合物的热力学、动力学、反应机理、结构理论等都适用于金属酶的研究。金属离子在酶中所占的比例很小,却起着举足轻重的作用。酶的蛋白质组成凸凹不平的带隙缝球形结构。在催化反应时底物键合的缝隙称为活性部位。酶有如此大的尺寸和高的复杂性,几乎阻止人们深入和完全理解酶,至今人们尚不能完全理解酶有如此大的尺寸是真实需要还是进化的偶然性。人们设想到把酶的尺寸减小到最小,并保留其活性进行研究是可能的,因此通过配体的裁剪和设计,可合成出与天然酶活性中心结构相似的配合物(模拟化合物或模型化合物),用此模型对酶的结构和功能进行模拟研究,这对没有获得单晶结构和反应机理尚不完全清楚的酶特别有用。由于天然酶的结构复杂,这种去粗取精的研究方法,可以得到用生物学方法直接从天然酶研究中不可能得到的信息。因此对酶的模拟研究不仅是对生物学方法的补充,而且配位化学家们可以从生物学方面获取灵感,在模拟研究中需要对大量配合物进行合成、结构表征和谱学分析研究,这样不但会刺激配位化学的发展也为配位化学注入了新的内容[2]。

2. 金属蛋白

金属离子与蛋白形成的配合物,其主要作用不是催化某个生化过程,而是完成生物体内诸如电子传递之类特定的生物功能,这类生物活性物质被称为金属蛋白,所以它们是结合有金属离子的复合蛋白。

金属酶和金属蛋白中金属离子的结合方式有:

①金属离子与蛋白链中氨基酸残基通过配位作用直接结合,最常见的有组氨酸(His)残基侧链上咪唑基团的氮原子,半胱氨酸、甲硫氨酸侧链上的硫原子等。

②金属离子与无机硫等其它原子形成簇合物后再结合到蛋白上,如铁硫蛋白中的 2Fe2S、3Fe4S、4Fe4S 簇以及固氮酶中钼铁硫簇合物等。

③金属离子与辅基(例如血红素、叶绿素、钴胺素等)结合,然后通过辅基与蛋白连接。

3. 金属酶的模拟

在金属酶的模拟中选用的配体多为多齿配体或大环配合物，其中大环配体具有独特的优点，它有许多在酶的模拟中使用。通过配体的设计可以得到结构与酶的活性中心类似的或性质相近的配合物。配合物一般应具有：

①高的热力学稳定性。

②在水中有一定的溶解度或脂溶性。

③金属离子配位数一般未达饱和，以便能接纳底物分子。

④配体分子具有一定的柔软性，使能刚柔相济的发生反应。

对模型配合物（或称模拟物）进行紫外－可见分光光度计、电子顺磁共振和外延 X 射线吸收精细结构等谱学和其他性质研究，所得图谱和天然酶对照，可获得酶的构象、键长、键角和磁交换等信息。模拟结果有利于解释酶的活性结构、性质和反应机理，但不能模拟活性中心第一配位层外的蛋白质环境和环境对活性中心的影响等。由于自然界万年进化成复杂的生物物种，人造的模拟物要赶上生物体系的确实有很大困难，人们常以如下两条路径入手达到最终目的：

①根据底物的键合位置和活性中心结构特点，设计出的模型称为结构模型。

②根据实现反应功能，不必考虑酶的键合特点的模型称为功能模型。

当然，配位化学家们力图设计出既有结构又有功能的神形兼备的模型物用于生产。

5.2　典型金属酶和金属蛋白

接下来，我们将介绍几个具有代表性的金属酶和金属蛋白。在此之前，首先简单提一下研究内容和研究方法。从化学的角度研究金属酶、金属蛋白，其主要内容包括：

①研究生物体内物质及相关化合物与各种无机元素,尤其是与微量金属离子的相互作用,包括无机元素循环、环境污染、含金属药物等对生物体生命、生理过程的影响。

②应用无机化学的理论和方法研究天然金属酶、金属蛋白的结构、性质和功能。

③设计、合成简单的化学模型以达到研究复杂生命过程的目的。

根据这些研究内容,相应的研究方法主要可以分为直接研究和模拟研究两种。直接研究就是用各种物理和化学的方法直接研究生物体系中的金属酶和金属蛋白的结构、功能。模拟研究又分为结构模拟和功能模拟两种。所谓的结构模拟就是用模拟的方法来研究重要生物过程和生物大分子配合物的结构和功能间的关系。一种是模拟金属酶、金属蛋白(原型)的部分结构(如活性中心),发现反映原型的某些特征,从而加深对生物原型的认识;另一种是对原型化合物进行局部修改,如利用基因工程的方法将蛋白链中某些氨基酸残基突变为其他氨基酸残基的突变体,观测局部修改对其结构和功能的影响。功能模拟则是模仿天然金属酶的活性中心,合成具有特定催化活性的化合物,从而达到模拟酶的作用。

5.2.1 含铁氧载体

氧载体是生物体内一类含金属离子的生物大分子配合物,可以与分子氧进行可逆地配位结合,其功能是储存或运送氧分子到生物组织内需要氧的地方。目前已经知道的天然氧载体有血红蛋白、肌红蛋白、蚯蚓血红蛋白、血蓝蛋白和血钒蛋白。其中前3种为含铁氧载体,血蓝蛋白是含铜蛋白,血钒蛋白是主要存在于海鞘血球中的一类氧载体,目前知道的还很少。

1. 血红蛋白和肌红蛋白

肌红蛋白（Mb）是由 1 条多肽链（珠蛋白）和夹在其中的 1 个血红素基团（原卟啉 K 的亚铁络合物）构成的。肽链含有 $150\sim160$ 个氨基酸残基，准确数目依不同来源而异。血红蛋白（Hb）的分子量约为 64500，是由 4 条与肌红蛋白类似的肽链（亚单位）构成。其中 2 条多肽链叫作 α 链，另外 2 条叫作 β 链。在最常见的血红蛋白中，α 链由 141 个氨基酸组成，而 β 链含 146 个氨基酸残基。血红蛋白的 α 链和 β 链的氨基酸顺序与肌红蛋白不同，但这些链盘绕为三维结构（三级结构）的方式是很相似的。不论在血红蛋白的每个亚单位或在肌红蛋白中，铁原子都是与组氨酸残基的咪唑基的 N 结合着。如图 5-2 所示，是血红蛋白的结构示意图，其基本特征与血红蛋白的 α 和 β 亚单位是相同的[3]。

根据上述，在脱氧态的 Hb 和 Mb 中，Fe 原子是五配位的。实际上，1 个水分子可能疏松地占据其第六个配位（在组氨酸 N 的反位上），结果形成畸变的八面体。Fe 原子似乎是处于卟啉平面外朝向组氨酸的一边。在脱氧的 Hb 和 Mb 中，Fe 原子是含有 4 个未成对电子的高自旋 Fe（Ⅱ）。

Hb 和 Mb 二者的功能都是结合氧，但它们的生理功能是很不同的。Hb 在肺部结合 O_2 并通过血液循环把它带到各个组织。细胞的 O_2 是由 Mb 分子结合贮存，当代谢作用需要时，它们再把 O_2 释放出交给其他接受体。Hb 有个附加的功能，就是把 CO_2 带回到肺部，这个任务是由某些氨基酸侧链完成，血红素基因并不直接参与。由于 Hb 和 Mb 结合氧和释放 O_2 的环境极不相同，它们结合氧的常数随 O_2 分压的变化是很不同的。

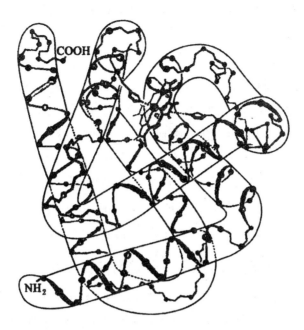

图 5-2　肌红蛋白的结构

血红蛋白并不是消极被动的氧载体,而是一种错综复杂的分子机器。通过比较它和 Hb 对 O_2 的亲和力,就能体会到这种复杂性。对于 Hb,有如下的简单平衡,即

$$Mb + O_2 \rightleftharpoons MbO_2, K = \frac{[MbO_2]}{[Mb][O_2]}$$

若 f 表示 MbO_2 的体积分数,p 表示平衡的 O_2 分压,则

$$K = \frac{f}{(1-f)p}, f = \frac{Kp}{1+Kp}$$

含有 4 个亚单位的 Hb,它的行为要复杂得多,它结合 O_2 的曲线近似地遵守下式

$$f = \frac{Kp^{\circ}}{1+Kp^{\circ}}$$

式中,n 的准确值与 pH 有关。实际上,可以把 $n>1$ 解释为 O_2 与一个血红素基的结合,可引起 Hb 增大对下一个 O_2 的结合常数;而对第二个 O_2 的结合又增大对再下一个 O_2 的结合常数等。这就叫做正协同效应。$n=1$ 表示无协同效应,而 $n=4$ 则表示协同

效应最大,因为这意味着只有 Hb 和 Hb(O_2)$_4$ 参与了结合 O_2 的平衡。

　　肌红蛋白和血红蛋白中的铁是＋2 氧化态。含 Fe(Ⅱ)的高铁肌红蛋白和高铁血红蛋白就不会结合 O_2。游离的血红素遇水和 O_2 会立即被氧化,使它不能传递 O_2。在生物体系中这将是致命的。肌红蛋白和血红蛋白中血红素(Fe^{II})的稳定性是由于分子的蛋白质部分造成的。Mb 的分子量为 17000,血红素基团周围包着蛋白质链,这样就减少 Fe 与外界的接触并造成一个疏水的环境,这种微环境允许 O_2 与 Fe(Ⅱ)接近和配位,但不允许 H_2O 和 O_2 同时进入,而 H_2O 分子在电子传递时是必要的。

$$\text{血红素}(Fe^{II}) \xrightarrow[\text{水}]{O_2} \text{羟高铁血红素}$$

　　将血红素嵌入含 1-(2-苯基乙基)咪唑的聚苯乙烯基炔的实验已很好地说明了疏水表面对血红素的稳定作用,如图 5-3 所示。咪唑分子与肌红蛋白或血红蛋白中组氨酸残基的功能相近。研究发现,这种"合成的血红蛋白"甚至在水的存在下能可逆结合 O_2。

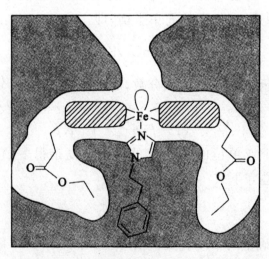

图 5-3　肌红蛋白和血红蛋白的合成模型物

　　许多研究表明,珠蛋白不仅提供疏水环境,还可保持血红素基相互分隔开,这样可避免生成氧桥的二聚物,后者会变质为 $Fe^{III}-O-Fe^{III}$。另外,栅栏形卟啉配合物的研究已证明血红素基周围位阻效应的重要性。

血红蛋白含有 4 条蛋白链和 4 个血红素基,可近似地看为肌红蛋白的一种四聚体,如图 5-4 所示。Hb 和 Mb 结合 O_2 性能上的差别与这 4 个蛋白链的结构及运动有关。如果四聚的血红蛋白破裂变为二聚体或单体,则这些效应(即吸收 O_2 协同效应和 Bohr 效应)也就丧失。血红蛋白的充氧作用使 2 个血红素基相互移近 0.1nm,而另 2 个则移开 0.7nm。

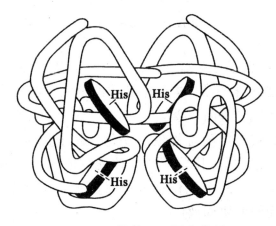

图 5-4　四聚的血红蛋白分子

脱氧 Hb 和充氧 Hb 的 X 射线研究揭示,充氧时,肽链内和肽链之间$-NH_3\cdots-O_2C-$的相互作用有很大的变化。具体地说,由于 O_2 配位到 Fe 上,有 8 个这样的盐键(在脱氧 Hb 中存在的)破裂了。2 个发生在 β 链内,4 个在 α 链单位之间,在 α、β 链之间各破裂 1 个。在图 5-5 里只画出 β/β 和 α/α 之间的盐键。图 5-5 中还画出跨接在脱氧 Hb 的 β-螺旋体之间的 DPG。简单地说,Hb 的充氧作用伴随着 DPG 和$-NH_3\cdots-O_2C-$氢键相互作用的破裂,而使 β-链沿着四面体的共同棱移动得靠近些。

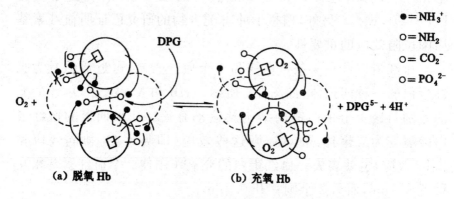

图 5-5　包括 DPG^{4-} 和 H^+ 离解作用的
脱氧 Hb ↔ 充氧 Hb 的结构变化图

人们认为,由于这些盐键(共 8 个)的作用,脱氧 Hb 的肽链是拉紧的。在这种"拉紧的"构象里,Fe^{II} 的第六个配位是"向内"的,而且被一个缬氨酸基阻碍着。O_2 同 1 个或 2 个血红素单元配位,引起盐键的断裂会伴随着构象的变化。由于蛋白链内部和肽链之间的盐键都已破裂,拉紧的四聚体就变成松弛的四聚体,其他血红素铁原子的第六个配位也就裸露出来。这就是上面介绍过的血红素单元间的协同效应。

2. 蚯蚓血红蛋白

天然氧载体中还有一类含铁的非血红素蛋白——蚯蚓血红蛋白(Hr)。蚯蚓血红蛋白与血红蛋白、肌红蛋白的差别有:

①血红素辅基,前者无,后者有。

②亚基数,蚯蚓血红蛋白一般为多聚体,从无脊椎动物的血液中分离得到的是分子量约为 108000 的八聚体,血红蛋白和肌红蛋白则分别为四聚体和单聚体。

③载氧量,铁离子数与结合分子氧的化学计量比蚯蚓血红蛋白为 $2Fe:O_2$,而血红蛋白和肌红蛋白均为 $Fe:O_2$。

④氧合以后氧分子的状态,氧合蚯蚓血红蛋白的共振拉曼光谱中 ν_{O-O} 振动出现在 $844cm^{-1}$,与模型化合物中过氧负离子 O_2^{2-}

的 ν_{O-O} 振动接近,表明氧分子结合到蚯蚓血红蛋白上后以过氧负离子(O_2^{2-})的形式存在,而氧分子与血红蛋白、肌红蛋白中的铁结合后以超氧负离子(O_2^-)的形式存在。

目前,脱氧和氧合蚯蚓血红蛋白的结构都已经有报道,其活性中心的结构以及与氧分子的结合方式如图 5-6 所示。由此可以看出,在蚯蚓血红蛋白的活性中心中含有两个配位不等价的铁离子,并通过一个羟基和两个羧酸根离子桥联在一起。在没有结合氧分子(脱氧)时,除了三个桥联配体的氧原子参与配位之外,每个铁离子还分别与三个和两个来自蛋白链中组氨酸侧链上咪唑基团的氮原子配位,因此一个铁离子为六配位,另外一个为五配位,留有一个空位(或者认为被一个水分子所占据)。氧合以后,氧分子就占据着这个空位。氧分子中的一个氧原子与铁配位,另外一个氧原子则从羟桥中夺取氢,并形成 $O-H-O$ 氢键,因此蚯蚓血红蛋白中由氧合前的二价铁羟桥($Fe^{2+}-O-Fe^{2+}$)氧化为氧合后的三价铁氧桥($Fe^{3+}-O-Fe^{3+}$),与此同时氧分子则被还原为过氧负离子 O_2^{2-}。也就是说,在蚯蚓血红蛋白的氧合过程中发生了双电子氧化还原反应,而在血红蛋白的每一个亚基和肌红蛋白的氧合过程中只发生了单电子氧化还原反应。

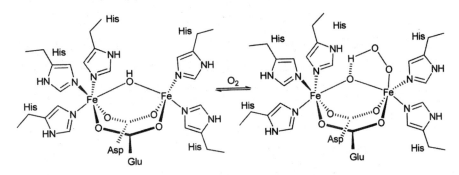

图 5-6　蚯蚓血红蛋白中双铁活性中心的
结构及与氧分子的结合方式

5.2.2 含铁蛋白和含铁酶

1. 电子传导蛋白——细胞色素 c

根据血红素基的卟啉环上取代基的不同和卟啉铁轴向配体的可变性,构成数目众多的细胞色素。其氧化还原电位 $E^{\ominus}$ 有宽广的范围,在细胞色素中的卟啉铁,铁的配位数已达到饱和,它们只能扮演电子传输的角色。细胞素 c 是光合作用中一类重要的电子传递体,广泛地存在于生物体中,卟啉环上的乙烯基和蛋白质上的半胱氨酸的巯基连成硫醚键,使蛋白质的肽键和血红素基能紧密地结合,细胞色素 c 的肽链像带子一样包围着血红素,血红素基处在蛋白质袋中,如图 5-7 所示(图中小黑饼代表蛋白链上的 —CH₂—CO
|
NH₂),血红素的铁除和卟啉环的 4 个氮原子形成配位键外,第 5 个配位位置被组氨酸咪唑基的氮原子配位,余下 1 个位置被蛋白质上的甲硫氨酰基的硫配位,铁离子的配位位置全被占据,因此它不能进行氧合,也不能和 CO 等分子配位。但铁离子的氧化态能在 $+2$ 价和 $+3$ 价之间可逆地改变。因此,它是电子传递和氧化还原过程中的中间体。根据轴向配体的不同其 $E^{\ominus}$ 也随之而改变,如果轴向是两个组氨酸基的氮原子,$E^{\ominus}$ 为 $-0.1\sim-0.4\text{V}$。如果轴向 1 个为组氨基,另一个为甲硫氨酰基的硫配位,$E^{\ominus}$ 为 $-0.1\sim+0.4\text{V}$,软的硫参与配位有利于中心原子的还原,因此细胞色素 c 有合适的还原电位。

2. 细胞色素 P450

细胞色素 P450(简称 P450)是酶中一大家族,它们的活性部位与肌红蛋白类似,P450 活性中心结构如图 5-8 所示,在细胞色素 P450 中,含有 1 个血红素单元—铁卟啉 IX,但肌红蛋白中的血红素轴向的组氨酸基,在 P450 中被胱氨酸的硫醇基取代,由于硫醇基上电子云密度发生转移使氧活化,因此它的功能不是氧合而是开裂 O＝O 键,它催化氧分子中 1 个氧转移到各种生物底物中,另 1 个氧经两电子还原成水,它们是一类含血红素基的单加氧酶。这里的 1 个氧经两电子还原成水的过程为

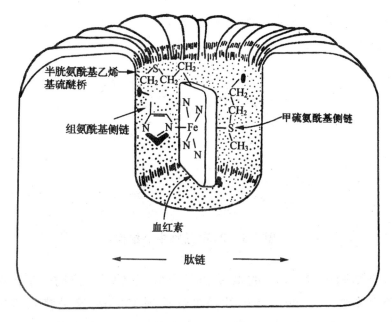

图 5-7　细胞色素 c 的结构示意图

$$RH + O_2 + 2e^- + 2H^+ \xrightarrow{\text{细胞色素 P450}} ROH + H_2O$$

在 P450 中铁是低自旋,氧化还原电位(Fe^{3+}/Fe^{2+})值为负,有利于 Fe(Ⅱ)被氧化成 Fe(Ⅲ)。

$$\text{卟啉-Fe(Ⅱ)} + O_2 \longrightarrow \text{卟啉-Fe(Ⅲ)} - O_2^-$$

P450 广泛存在于动植物及微生物体内,在各种生物中均有发现,它参与药物代谢、天然环化分子的生物转化、外来异物的氧化代谢、类固醇激素的生物合成等,在体内具有很强的解毒功能,P450 催化底物最常见的氧化反应是羟化、环氧化、杂原子氧化等。第一个 P450 的三维结构于 1985 年才被报道,它是从细菌中分离出来的,称为 P450cam,因为它选择性地催化樟脑成 5-外-羟化樟脑,其过程为

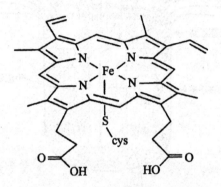

这是氧化非活性碳原子的极好的例子。

图 5-8　P450 活性中心结构

当细胞色素 P450 的低铁血红素基与 CO 配位时,由于卟啉环上电子的 π-π^* 跃进产生的强带红移到 450nm,这是胱氨酸基强的给电子性质引起的,这与其他含血红素基的蛋白不同,后者强带出现在 420nm,因为该蛋白明显的光谱特征,所以称为 P450。P450 的催化循环如图 5-9 所示,在溶液中底物 RH 呈自由状态时,P450 含有六配位的低自旋 Fe(Ⅲ)(1),Fe(Ⅲ)上除卟啉环外还有水分子与之疏松结合,水分子离去时产生五配位的高自旋 Fe(Ⅲ)(2),遗留下来的配位空位用于氧分子键合。伴随着低自旋到高自旋血红素的转化,还原电位 $E^\ominus$ 从 -300mV 移到 -170mV,这促使高铁血红素被单胞氧还蛋白还原($E^\ominus = -196$mV)再生成五配位的低铁血红素(3)。然后氧分子键合到低铁血红素上 Fe(Ⅱ)转移电子到 O_2,形成高铁—超氧血红素($Fe^{Ⅱ}$-O_2^-)(4)。因为在反应过程中,P450cam 的共振拉曼光谱 O—O 键的伸缩振动和弯曲振动分别出现在 1140cm^{-1} 和 401cm^{-1} 这和端基配位在 Fe(Ⅲ)上的振动频率一致。

近来用 EPR 等谱学分析证明,再加入第 2 个电子到配合物

(4),电子定域在氧上产生的高铁—过氧（$Fe^{III}\text{-}O^{2-}$）配合物（5）。当加入 2 个 H^+ 时引起 O—O 键异裂并释放出水分子,产生形式氧化态为 5+ 的铁（V）卟啉（卟啉$^{2-}$-Fe^{V}=O）（6）。循环反应的最后一步是氧从配合物（6）迅速转移到底物 RH 得到 ROH（醇）,然后水键合到 Fe（Ⅲ）得到初始反应物。到目前为止,P_{450} 在氧化过程中 Fe（V）卟啉的确证尚有争议。

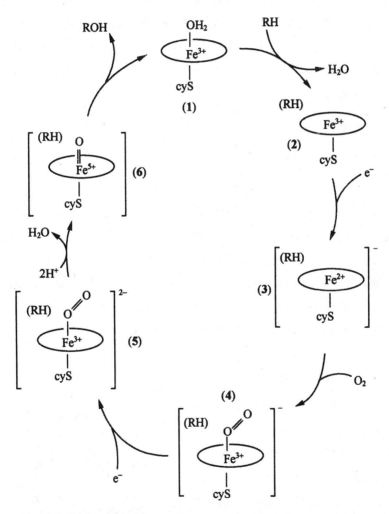

图 5-9　胞色素 P450 的催化循环示意图

5.2.3 锌酶

在生物体内锌离子的含量仅次于铁,在微量必需元素中位居第二。锌离子具有的特性包括:良好的 Lewis 酸性;本身没有氧化还原活性(d^{10} 电子结构);良好的溶解性;毒性低等。因此,锌在生物体内的分布和作用范围都很广,目前已经知道的氧化还原酶、转移酶、水解酶、异构化酶、裂解酶和连接酶中均发现有含锌的酶存在。在这些金属酶中,锌一般都位于其活性中心,但是有的直接参与酶的催化反应,有的则不直接参与,而是起到稳定结构等其他作用。

1. 碳酸酐酶

碳酸酐酶存在于动物、植物和微生物中。1933 年人们提取出碳酸酐酶,到了 1940 年才发现碳酸酐酶含有锌,这是人们发现的第一个锌酶。它是红细胞中仅次于血红蛋白的蛋白质成分,碳酸酐酶的生物学功能是催化二氧化碳可逆水合用

$$CO_2 + H_2O \rightleftharpoons HCO_3^- + H^+$$

碳酸酐酶对人和动物呼吸作用极为重要。在人和动物体内,由碳酸酐酶催化 CO_2 水合生成 HCO_3^-,并随血液循环到肺泡后,又由碳酸酐酶催化使它分解为 CO_2 排出体外。

人碳酸酐酶 B(HCAB)和 C(HCAC)、牛碳酸酐酶 B(BCAB)研究最多,这些酶功能相同,性质相近,结构相似。碳酸酐酶的相对分子质量约 30000,由单一肽链组成。每个酶分子含 1 个 Zn^{2+} 离子,酶蛋白约含 26 个氨基酸残基,脯氨酸含量较高,没有二硫键。1972 年报道了人碳酸酐酶 X 射线结构分析结果,如图 5-10 所示。

图 5-10　人碳酸酐酶 X 射线结构示意图

碳酸酐酶分子呈椭球形,大小约 $4.0nm \times 4.5nm \times 5.5nm$,分子中有一个袋形空腔,腔体深约 $1.5nm$,腔口宽约 $2.0nm$,Zn^{2+} 就结合在这个空腔底部。Zn^{2+} 与组氨酸 His93、His95、His117 的 3 个咪唑基氮原子配位,第四个配位位置由 H_2O 分子或羟基占据,呈畸变四面体结构。Zn^{2+} 结合部位如图 5-11 所示。用透析法把 Zn^{2+} 从酶中除去,酶失去活性,旋光色散研究表明,酶的三级结构没有变化,表明 Zn^{2+} 在酶中起活性作用不起稳定结构作用。由于 Zn^{2+} 有封闭电子壳层而很难用光谱法来检测,但可通过 Co^{2+} 为探针取代 Zn^{2+},碳酸酐酶可恢复 50% 的活性。从 Co(II)-HCAB 的吸收峰与 $[Co(H_2O)_6]^{2+}$ 和 $[CoCl_4]^{2-}$ 电子光谱相比,可看出碳酸酐酶钴与钴的四面体配合物相似,与八面体型配合物不同,八面体吸收峰强度弱。另外,Co(II)-HCAB 光谱随 pH 变化,与 pH=7.1 的弱酸滴定曲线相似,说明活性中心部位存在 pK_a 约为 7.1 的基团。这就说明催化 CO_2 水合作用的基团必须去质子化,有人认为与金属配位的水分子去质子化后留下一个配位的羟基,这种观点与碳酸酐酶很多动力学研究结果一致。

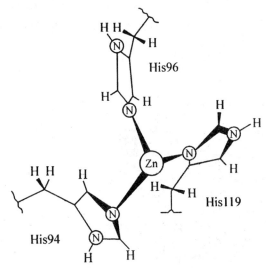

图 5-11　HCAC 中 Zn^{2+} 的结合部位

2. 羧肽酶

在生物体系中催化水解蛋白链的酶主要分为 2 种,即催化水解

蛋白链 C 末端氨基酸残基的羧肽酶(CP)和断裂蛋白链八末端肽键的氨肽酶。其中研究较多的是羧肽酶,其催化的反应表示如下

$$R-CO-NH-CHR'-CO_2^- + H_2O \Longrightarrow$$
$$R-CO_2^- + NH-CHR'-CO_2^-$$

其中,如果 R′ 中含有芳香基团,即被水解肽链的 C-末端为含芳香基的残基,选择性催化水解这类反应的酶则被称为羧肽酶 A(CP-A);而如果 R′ 为碱性基团,则称之为羧肽酶 B(CP-B)。羧肽酶在催化水解蛋白链时必须做到:

①促进亲核试剂对肽键中羰基的亲核进攻。

②稳定由对羰基碳进行亲核进攻产生的中间体或过渡态。

③稳定酰胺的氮原子,使之成为合适的离去基团,从而断裂 OC—NH 肽键。

羧肽酶 A 是目前研究最多,了解最清楚的羧肽酶。来自牛胰腺的羧肽酶 A 的结构如图 5-12 所示,蛋白链由 307 个氨基酸残基组成,并含有一个单核锌的活性中心,其中锌离子为五配位,两个氮原子来源于蛋白链中组氨酸残基,另外谷氨酸(Glu)残基侧链上的羧酸根以双齿形式与锌离子配位,除此之外还有 1 个配位水分子,如图 5-12(b)所示。

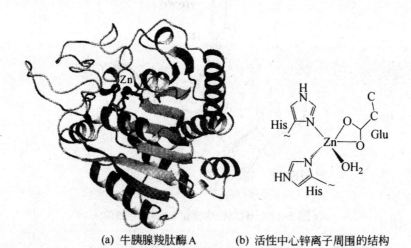

(a) 牛胰腺羧肽酶A   (b) 活性中心锌离子周围的结构

图 5-12　牛胰腺羧肽酶 A 及活性中心锌离子周围的结构

比较碳酸酐酶和羧肽酶的结构可以看出,二者结构的不同,其中包括蛋白链结构和活性中心锌离子周围结构的不同,导致这两种酶在生物体系中有完全不同的功能。在羧肽酶 A 的活性中心中除了有 1 个含有锌离子的催化反应中心之外,还有 1 个较大的疏水口袋,从而有利于 C-末端为含芳香基残基的肽链(底物分子)结合到催化反应活性中心。因此,羧肽酶 A 可以选择性地水解断裂 C-末端为含芳香基残基的肽链。另外,与锌离子配位的水分子直接进攻肽键,一方面由于锌离子的参与大大降低了配位水分子的 pK_a,另一方面活性中心附近的另 1 个未与锌配位的谷氨酸在催化反应过程也起着非常重要的作用。

5.2.4　铜蛋白和铜酶

含铜的金属蛋白和金属酶也广泛存在于生物体中。一方面铜的含量较高,在微量必需元素中仅次于铁和锌,另一方面铜与铁一样具有可变化合价,因此在生物体中可以参与电子传递、氧化还原等一系列过程。一般将铜蛋白和铜酶中所含的铜根据其不同的谱学性质分为 3 类,即所谓的I型(typeI)铜、II型(typeII)铜和III型(typeIII)铜。将在 600nm 附近有非常强的吸收,而且其超精细偶合常数很小的铜蛋白中所含的铜称为 I 型铜。而将具有与一般铜配合物相似的吸收系数和超精细偶合常数的铜蛋白中所含的铜称为 II 型铜。同时含有两个铜离子,而且两个铜离子之间有反铁磁性相互作用,并在 350nm 附近有强吸收峰的铜称为III型铜。有的蛋白或酶中只含有一种类型的铜,而有的蛋白或酶中则同时含有多种不同类型的铜,例如,抗坏血酸氧化酶中同时含有 I 型铜、II 型铜和III型铜,这种蛋白一般称之为多铜蛋白。下面通过具体的例子分别介绍 3 种不同类型的铜蛋白和铜酶。

1. I 型铜

I 型铜,即蓝铜,由 Cys・S、Met・S 以及两个 His・N 形成正方形或四面体的配位结构,在 600nm 有强吸收。但 Agrin 则由 2 个 His、1 个 Cys 形成三角形,上下分别有 Met 和肽羰基配位。在 EPR 中,其超精细结构非常小。蓝铜按其结构可分为四类,如图 5-13 所示。最典型的蓝铜在质体蓝素(1)中发现,它由 Cys·S、Met·S 以及两个 His·N 形成变形的四面体结构。Cu(Ⅱ)S···Met 的距离较长,为弱键,Cu(Ⅱ)S···Cys 则为强键。Cu(Ⅱ)还原为 Cu(Ⅰ) 的蓝铜结构有微小的变化,1 个 His 质子化后离开配体。用 Hg(Ⅱ) 取代铜后,Met·S 与 Hg(Ⅱ)的键明显增长,因此蓝铜被认为是处于 entatic or rack 状态。第二种蓝铜是天青精(2),它有一个羰基氧穿过轴向的 Met·s,Cu(Ⅱ)S·Met 的键长比质体蓝素的长,其强度是质体蓝素的 1/4。用 Zn(Ⅱ)代替 Cu(Ⅱ),Zn(Ⅱ) OCC·Gly 的距离较短,形成变形的四面体结构。第三种蓝铜是有孔洞的蓝铜(3),在 450nm 有强吸收。第四种蓝铜是轴向取代的蓝铜(4),它的 Met·S 被别的氨基酸残基取代。Ⅰ型铜还原电势很高,质体蓝素的电势是 350mV,天青精的电势是 250mV。质体蓝素和天青精中的蓝铜,其几何结构在还原状态变化很小。质体蓝素含于高等植物或藻类中,是与光合成Ⅰ系和光合成Ⅱ系之

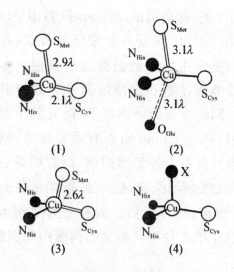

图 5-13　蓝铜

间电子传递有关的铜蛋白质。从白杨的叶子中分离的质体蓝素的 X 射线结构分析表明,铜周围是两个 His 和一个 Cys 以强键与铜离子结合(形成三角平面),再从轴向由 Met 上的硫以弱键配位的变形四面体。

基于这种异常的配位结构,质体蓝素显示一般 Cu(Ⅱ)配合物中看不到的如下性质:

①600nm 附近有强的吸收带。

②EPR 中铜的超精细结合常数非常小。

③氧化还原电位异常高。

因此,近年来试图合成能再现这种特异性质的模型配合物的研究非常活跃。但遗憾的是 Cu^{2+} 由于受姜－泰勒效应的影响很容易从正八面体变成四面体配位结构。Cu(Ⅱ)硫醇配合物的 Cu－S 键易于开裂,对热不稳定。至今合成分离成功的 Cu(Ⅱ)硫醇配合物为数极少,因其配位结构为四边形,不能再具有质体蓝素的光谱学性质。曾认为只有围绕铜离子的坚固蛋白链才能使之稳定,最近才用能稳定四面体配位结构的三脚架配体合成、分离了较好再现质体蓝素光谱性质的 Cu(Ⅱ)硫醇配合物$[Cu(SC_6F_5)B(3,5-^iPr_2pz)_3]$,并确定了其分子结构,这个模型配合物的合成成功证明了按目的分子设计的低相对分子质量人工配体可以用蛋白质中金属配合物的异常配位结构来稳定再现。

2. Ⅱ型铜

活性中心中只含有 Ⅱ 型铜的蛋白有铜锌超氧化物歧化酶(SOD)和半乳糖氧化酶。这里只简单介绍前者。

在氧分子代谢过程中,作为不完全代谢产物或副产物,会产生对生物体有害的超氧负离子和过氧负离子。由于这些物种的反应活性非常大,对生物体有害,因此有必要及时、有效地清除这些活性物种。生物通过长期的进化已经形成了自己的防御体制,超氧化物歧化酶就可以有效地催化分解超氧负离子,从而起到保护生物体的作用。超氧化物歧化酶催化以下反应

$$2O_2^+ + 2H^+ \xrightarrow{SOD} O_2 + H_2O_2$$

上述反应中生成的过氧化氢将在过氧化氢酶的作用下发生进一步反应,消除其毒性。到目前为止已经知道的超氧化物歧化酶有4种,铜锌超氧化物歧化酶(Cu_2Zn_2-SOD)、锰超氧化物歧化酶(Mn-SOD)、铁超氧化物歧化酶(Fe-SOD)和镍超氧化物歧化酶(Ni-SOD)。Mn-SOD和Fe-SOD由分子量为$18\sim22kDa$的两个或4个亚基组成,每个亚基中含有1个金属离子,多见于微生物中。但是研究最多、了解最清楚的还是从真核生物中分离得到的Cu_2Zn_2-SOD,哺乳类动物的超氧化物歧化酶主要存在于肝脏、血液细胞、脑组织等地方。它与超氧负离子的反应非常快,可以有效地去除超氧负离子,是一种很好的抗氧化剂,从而起到防衰老、抑制肿瘤发生等作用。

1938年发现铜锌超氧化物歧化酶,但是直到1969年才知道其生物活性。Cu_2Zn_2-SOD中含有两个相同的亚基,其中每个亚基中含有1个铜和1个锌离子。两个亚基之间主要是通过非共价键的疏水作用缔合在一起。如图5-14所示,显示了牛红细胞铜锌超氧化物歧化酶的整体结构及其活性中心结构。

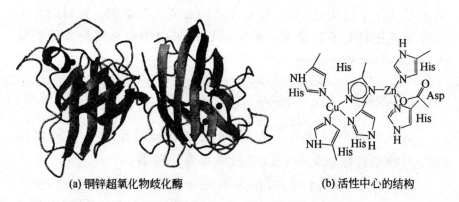

(a) 铜锌超氧化物歧化酶　　　　(b) 活性中心的结构

图5-14　铜锌超氧化物歧化酶及活性中心的结构

从上述晶体结构中可以看出铜锌超氧化物歧化酶结构具有以下特点:

①每 1 条蛋白链中的二级结构主要为 β 折叠和 β 转角,而 α 螺旋结构含量很少。

②每 1 个亚基中的铜离子和锌离子之间的距离为 0.67nm,通过一个组氨酸侧链上的咪唑基团桥联在一起。

③每个铜离子周围与四个组氨酸侧链上的咪唑氮原子有配位作用,形成一个变形的四边形结构,而且 ESR 等研究已经证实另外还有 1 个水分子配位于铜离子,即铜离子为五配位的变形四方锥构型。

④锌离子为变形四面体配位构型,其中 3 个来源于组氨酸侧链上的咪唑氮原子,另 1 个是天冬氨酸的羧酸根氧原子。

在铜部位周围有侧链上带电荷的氨基酸残基存在,如赖氨酸、谷氨酸、精氨酸等,而且推测这些带电荷的氨基酸残基可能与超氧负离子进入到铜部位发生歧化反应有关。

3. Ⅲ型铜

血蓝蛋白是在软体动物血淋巴中参与氧搬运的铜蛋白质,Hc 的结构是每个亚单位含 2 个铜原子并结合 1 个 O_2,氧分子结合部位组成两个变形的三角形,$[Cu(I)(N \cdot His)_3]$ 几乎共面,咪唑基交错通过 $Cu \cdots Cu$,其间没有桥键。在低浓度时,$[Cu(I)(N \cdot His)_3]$ 在三角平面上方,形状更不规则,$Cu \cdots Cu$ 间的距离更长,与氧反应显蓝色,引起其他配体的重排。分子中的 $2His \cdot N$ 形成一个近似的平面 $Cu_2(Ⅱ)O_2N_4$,每个 $Cu(Ⅱ)$ 与另外 1 个 $His \cdot N$ 形成四方锥型配位。血蓝蛋白和酪氨酸酶的不同之处在于酪氨酸酶的活性部位即耦合的 2 个 Cu 对外部的配体来说更容易接近。

酪氨酸酶广泛分布于动植物及微生物界,是把苯二酚类氧化为邻醌的单加氧酶,它在动植物中的一种特殊功能是保护伤口不被细菌及昆虫伤害,促进伤口愈合。酪氨酸酶在休止状态下加入过氧化氢或还原型上氧化,便成为氧化型酪氨酸酶,和血蓝蛋白一样,具有双核铜中心,氧以 μ 过氧状态配位于铜原子,许多研究者试图合成出 μ 过氧双核配合物并从其反应性明确酪氨酸酶的反应机理,

由于 μ-过氧配合物的热稳定性差,合成分离比较困难,以至未能详细探讨其反应性。对质体蓝素模型化合物合成很有效的三脚架配体,也用来合成了 μ-过氧配合物 $[Cu\{HB(3,5\text{-}^iPr_2pz)_3\}]_2(O_2)$,分子结构表明,过氧离子采取 $\mu\text{-}\eta^2:\eta^2$ 配位方式等价配位于两个铜离子。对于 μ-过氧配合物和苯酚类之间的反应,提出由过氧离子与苯酚的酸碱取代反应生成酚氧中间体,再借助酚氧自由基在铜配位范围内的选择性反应来进行酪氨酸酶的催化反应。

5.2.5 含钼酶和含钴辅因子

上面介绍了含铁、锌和铜的金属酶、金属蛋白,从中可以看出作为微量必需元素这几种金属元素在生物体内不但含量较多,而且分布也较广,都起着多种不同的作用。除此之外,还有一些金属元素在生物体内尽管含量不高,但是也起着重要的作用。下面介绍含 Mo 金属酶和含 Co 的辅因子。

1. 固氮酶

固氮酶存在于土壤微生物中,能够在大气中催化 N_2 还原成 NH_3。

$$N_2 + 6H^+ + 6e^- \longrightarrow 2NH_3$$

由于 N_2 的热力学稳定性,每分子氮的还原需要 6 个电子和大的能量,在生 pH 条件下需要很负的还原电位(低于 $-0.3V$)才能使之还原。N_2 是 π 酸配体,能用其 π^* 分子轨道接受金属离子的反馈电子,从而削弱 $N\equiv N$ 叁键,因此能固氮的金属都是富有 d 电子的离子。已知固氮酶有三种,即钼-固氮酶、钒-固氮酶和铁-固氮酶。现仅介绍依赖于钼的固氮酶。

在钼-固氮酶中有两种蛋白质用于 N_2 的固定,一个称为铁蛋白;另一个称为铁-钼蛋白。

(1)铁钼蛋白

铁钼蛋白是由两条仅链和两条 13 链的四聚体组成,如图 5-15(b)

所示。其中含有 1 个铁钼辅因子(Fe-Mo-cofactor,Fe Mo co)(或称辅基)和两个 4Fe-4S 簇构成的 P-原子簇,P-原子簇具有近似立方体结构。铁钼辅因子的结构如图 5-16(b)和图 5-16(c)所示,它含有 7 个铁原子和 1 个钼原子组成的畸变立方烷簇($MoFe_7S_9$),由两个立方体连接而成,其中 1 个是 Fe_4S_3(3 个 S^{2-} 和 4 个 Fe 原子),另一个为 $MoFe_3S_3$ 组成的立方体,之间被 3 个 S^{2-} 桥联,Mo 原子位于立方形结构的一个角,呈 MoS_3NO_2 配位的八面体构型。此外,还有蛋白链衍生物的配体,1 个半胱氨酸的硫醇根(cys275)配位到端位铁,6 个 Fe 原子组成的口袋型空间为键合底物 X 之处,配体 X 可能是 N 原子,因为它和 FeMoco 中的 6 个原子桥联形成弱键(μ_6-X)。铁原子有开放的键合位置和口袋形的空间可以键合底物,所以可能是 N_2 的键合、活化和被还原的位置。近来理论计算表明在 μ_6-X 处的原子是可交换的,它为参与在 NH_3 的形成过程。

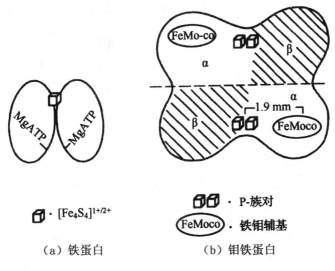

（a）铁蛋白　　　　　　（b）钼铁蛋白

图 5-15　在固氮酶中用于氮的固定的两种蛋白

在图 5-16(a)中 P-原子簇的两个 Fe_4S_3 被 2 个 cys 的 S 原子(μ-S-cys)和 1 个 S^{2-} 原子桥联(μ_6-S)。P-原子簇的功能是辅助电子的转移,从铁蛋白接受电子再转移到 MoFeco。在蛋白质内部 P-原子簇中所有 Fe(Ⅲ)可能被还原成 Fe(Ⅱ),它在低电位下控制电子转移到 FeMoco,它与一般铁硫蛋白不同之处在于前者进行单电子转移,而在氮的固定中;后者可能通过各种氧化态蓄积电子到 8 个再进行转移。

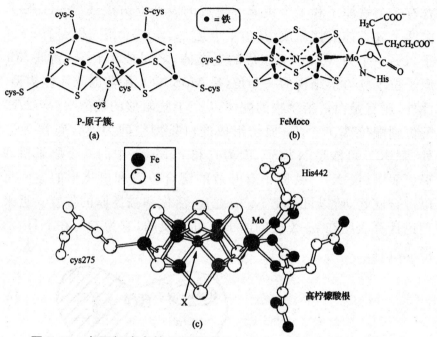

图 5-16　在固氮酶中的 P-原子簇(a)、FeMoco(b)、天然 FeMoco(c)的活性中心的晶体结构

(2)铁蛋白

铁蛋白的功能是被还原和转移电子经 P-原子簇到 FeMoco。铁蛋白含有 1 个 4Fe-4S 簇和由二磷酸腺酐(ADP)联结 2 个相同的亚单位组成。在每个相同亚单位中都含有三磷酸腺酐合镁(MgATP)的键合位置,MgATP 的作用是当它与铁蛋白结合时引起铁蛋白构象和氧化还原电位的变化,并促进向铁钼蛋白转移电子,在转移电子的同时 MgATP 发生水解形成 MgADP。研究表明,固氮酶是非专一性酶,它能催化一些小分子的反应,还具有氢酶的特征。在固氮过程中 N_2 还原为 NH_3 还伴随着 H_2 的放出。在 CO 存在时也不受影响。固氮反应可以用式 $N_2 + 8H^+ + 8e^- + 16MgATP \xrightarrow{\text{固氮酶}} 2NH_3 + H_2 + 16MgADP + 16PO_4^{3-}$ 表示。

2. 辅酶 B_{12}

维生素 B_{12} 是人体内重要的含钴化合物,维生素 B_{12} 及其衍生物的结构如图 5-17 所示。图中 $R=CN^-$ 是维生素 B_{12},所以俗名称氰钴胺素。$R=$ 腺苷基:B_{12} 辅酶;R 羟基:羟基 B_{12};$R=H_2O$:水合 B_{12}。维生素 B_{12} 是复杂的大环化合物,也是自然界存在的最复杂的化合物之一。它由 181 个原子组成,其分子式为 $C_{63}H_{88}O_{14}N_{14}PCo$,它以 Co^{3+} 为中心、一个修饰的卟啉环为其结构基础(通常又叫作咕啉环)。通过双电子或单电子还原反应产生一个 $Co(II)$ 和强亲核的含 $Co(I)$ 且 $R=$ 腺苷基的 B_{12} 辅酶。B_{12} 辅酶是生物体的活性物质。80% 以上的维生素 B_{12} 以 B_{12} 辅酶的形式存在于鸟类和哺乳动物的肝中。烟酰胺腺嘌呤二核甘酸(NAD)、烟酰胺腺嘌呤二核甘酸磷酸(比 NAD 多一个磷酸基,NADP)是氧化还原酶和脱氢酶的辅酶,可完成反应

$$B_{12}Co(III) \xrightarrow{\text{NADP}} (B_{12}Co(II)) \xrightarrow{\text{NAD}} 辅酶(B_{12}Co(I))$$

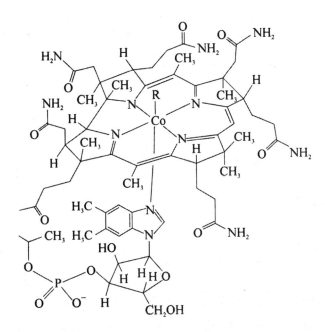

图 5-17　维生素 B_{12} 及其衍生物的结构

由此可知,辅酶 B_{12} 的生物合成是通过还原 Co(Ⅲ) 的维生素衍生物经 Co(Ⅱ) 最终到 Co(Ⅰ) 的氧化还原水平实现的。在最后的形式中,金属中心为富电子型,因而具有亲核性。它进攻 ATP 的 $5'$ 碳原子并取代三磷酸根形成 Co—C。该反应相当于在钴中心的氧化加成,将它氧化到 Co(Ⅲ)。与辅酶 B_{12} 相关的酶催化反应如图 5-18 所示。

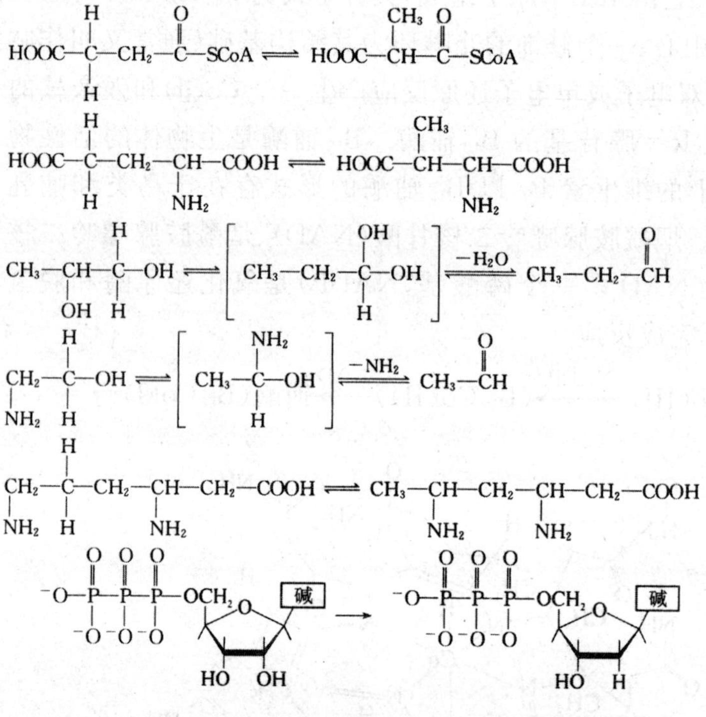

图 5-18　与辅酶 B_{12} 相关的酶催化反应

从这些酶促反应来看,辅酶 B_{12} 在人体的重要功能是组成一些氨基酸变位酶和核苷酸还原酶,所以其生物功能是通过钴的不同价态交替(被氧化、被还原),各自构成有效的电子传递链,结果将氧还原为水或过氧化氢,实现生物体内呼吸作用的重要一环,对维持核酸的正常代谢有重要作用。同时对稳定核酸的构型和性质,以及对于脱氧核糖核酸(DNA)的正常复制、氨基酸的降解有重要影响。由此可知,维生素 B_{12} 是一种有多种功能的物质。

它参与氨基酸的代谢及核酸和蛋白质的合成,不足时干扰 DNA 的自我复制,使之产生误差,导致细胞的某些功能退化,代谢异常,甚至造成细胞死亡。维生素 B_{12} 还参与叶酸的储存、硫醇酶的活化以及髓磷脂的形成。由于微量元素钴的生物功能主要通过维生素 B_{12} 表现出来,所以当人体内钴含量不足时会引起心血管病、贫血、脊髓炎、气喘、青光眼等病变。不过其主要功能是造血,促进红细胞成熟,否则就不能长出正常的红细胞,在血液中就会出现一种特殊的没有细胞核的巨红细胞,出现恶性贫血。微量元素钴与心血管疾病有密切关系。维生素 B_{12} 虽有许多重要功能,但维生素 B_{12} 的吸收是有限的。一个正常人每天的饮食里大约有 $5 \sim 15 \mu g$ 的维生素 B_{12},但也只能吸收 $5 \mu g$。这是因为维生素 B_{12} 的吸收过程是复杂的,有一种特殊的蛋白质充当专门运载工具,维生素 B_{12} 先与这种蛋白质结合然后才能被吸收。要注意的是游离的钴离子在正常人的血液里允许量还不到 $2.0 \sim 10^{-3} mg/L$,所以其生化功能一般难以测出。近年来发现 Co^{2+} 能激活生物体内某些酶,对小白鼠分别按每千克体重饲喂 $10mg$、$25mg$、$35mg$、$40mg$ 的钴,可使其因 3-甲基胆蒽致癌作用被抑制 49%、58%、680% 及 71%。但绝对禁止用无机钴盐来治病,因为血液里过量的钴离子是有毒的,它首先使甲状腺功能受阻,严重时会导致心肌、心力衰竭、高血脂、癌症等病变。

5.3　金属药物

金属配合物的一个重要用途就是作为药物,在这里我们对一些有代表性的金属药物进行一些简单的讨论分析。

5.3.1　铂类抗癌药物

众所周知,顺铂 cis-$Pt(NH_3)_2Cl_2$ 是目前临床上广泛使用的一种抗癌药物,尤其是对早期的睾丸癌具有很高的治愈率。1965

年,Rosenberg 等人报道了顺铂具有抗癌活性,这一发现不仅打破了在此之前人们一直认为药物主要是有机化合物的传统观念,从而引起了广大科学工作者尤其是配位化学家们的极大兴趣。而且也为众多癌症患者带来了福音。在 40 多年以后的今天,该药物仍然在临床上使用,就足以说明顺铂是一种非常了不起的药物,尽管现在已经知道它具有较大的肾毒性和呕吐等副作用。

目前,人们已经研究开发出多种具有抗癌活性的金属配合物,其中主要的还是铂类化合物,图 5-19(a)中列出了 4 种目前已经被批准可用于临床上治疗癌症的铂配合物。早日彻底战胜癌症及其相关疾病是科学家所期盼的,也是义不容辞的责任,因此寻找、筛选活性更高、毒性和副作用更低的抗癌药物就从未间断过,目前已经有多种具有抗癌活性的金属药物正在进行临床试验。另外,现有的临床上使用的铂类抗癌药物都必须通过静脉注射才有疗效,研究开发口服抗癌药物也是科学家们正在努力做的事情,其中有的也已经进入到临床试验阶段。

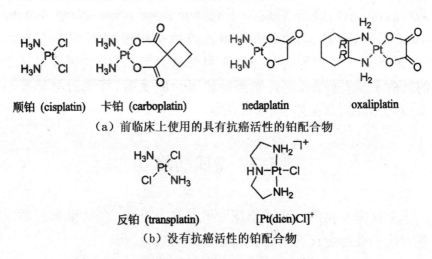

顺铂 (cisplatin)   卡铂 (carboplatin)   nedaplatin   oxaliplatin

(a) 前临床上使用的具有抗癌活性的铂配合物

反铂 (transplatin)   [Pt(dien)Cl]⁺

(b) 没有抗癌活性的铂配合物

图 5-19   具有抗癌活性及没有抗癌活性的铂配合物

有趣的是与顺铂组成完全相同,但是构型不同的反铂以及含有三齿螯合配体二乙烯三胺的[Pt(dien)Cl]⁺等配合物,如图 5-19(b)所示,没有抗癌活性。因此,顺铂等抗癌药物与体内生物分子的作

用以及抗癌作用机理等也是这一领域中人们研究的热点问题之
一,这类研究将为阐明金属药物结构、性质、疗效之间的关系提供
基础,也为设计合成和筛选新的抗癌药物提供依据。目前,较为
一致的看法是顺铂进入体内后经过体内运输、水解,然后再与
DNA 作用形成稳定的配合物,从而阻止其复制和转录,迫使细胞
凋亡或死亡。

顺铂的水解被认为是顺铂的主要活化过程,其中的氯离子被
水分子取代过程与介质中氯离子的浓度以及 pH 值等因素有关。
顺铂水解后产生的水合物种与 DNA 结合并发挥其作用,该过程
如图 5-20 中。与 Pt 直接键合的主要是 DNA 链中鸟嘌呤的 N7,
或者是腺嘌呤的 N7。像顺铂这样的双功能抗癌药物与 DNA 作
用后一个 Pt 与两个嘌呤的 N7 配位,因此 Pt 结合 DNA 后实际上
起着交联的作用。因为 DNA 具有双螺旋结构,因此根据与同一
个 Pt 作用的两个嘌呤的来源不同,顺铂与 DNA 的作用可分为不
同的方式。如果两个嘌呤(如图 5-20 中的 G1 和 G2)来自 DNA 中
的同一股链,则称之为股内交联或链内交联;若两个嘌呤来自 DNA
中的两股不同的链,则称之为股间交联或链间交联,如图 5-21 中的
(a)和(b)所示。在这两种结合方式中以股内交联为主,若要发生

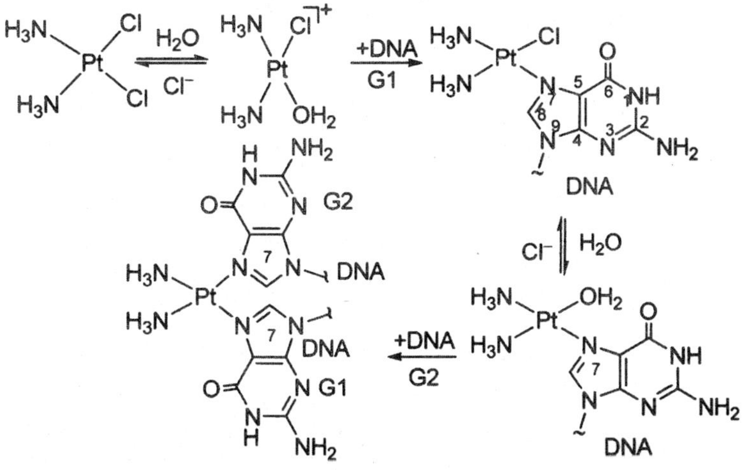

图 5-20　顺铂的水解及其与 DNA 作用过程示意图

股间交联则要求来自两股不同链的两个嘌呤 N7 间的距离必须靠近,只有这样才能与同一个 Pt 结合,这将导致 DNA 的构型发生较大的变化。除此之外,铂可能还会在 DNA 和蛋白之间交联,如图 5-21(c)所示。

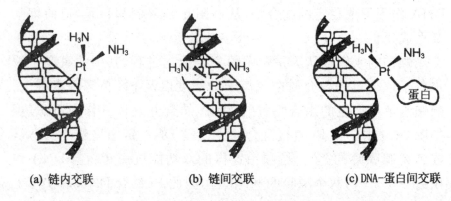

(a) 链内交联　　　　(b) 链间交联　　　　(c) DNA-蛋白间交联

图 5-21　顺铂与 DNA 的结合方式

除了上面介绍的二价铂类抗癌药物之外,人们已经发现有些四价铂、四价钛以及三价钌等配合物也具有很好的抗癌活性,相关研究目前正在进行中,期待着在不久的将来,能有新的突破。

5.3.2　金属配合物做诊断药物

磁共振成像(MRI)是当今用于临床诊断的一种非常有效的方法。它是利用生物体不同组织在磁共振过程中产生不同的共振信号来成像,信号的强弱取决于组织内水的含量和水分子中质子的弛豫时间。目前作为磁共振成像技术的造影剂大多为含有较多未成对电子的 Gd(Ⅲ)、Mn(Ⅱ)和 Fe(Ⅲ)离子,这些离子通常具有较长的电子自旋弛豫时间,因此容易检测到疾病[4]。

Gd 配合物作为核磁共振成像技术的造影试剂已经在临床上使用,目前主要有 4 种 Gd(Ⅲ)配合物 Gd-DTPA(图 5-22)、Gd-DoTA(图 5-23)、Gd-DTPA-BMA(图 5-24)和 Gd-HP-DOTA(图 5-25)用于临床诊断,其中前面两个配合物为离子型,后二者为中性。虽然 Gd(Ⅲ)离子毒性很强,但它与 DTPA 或 DOTA 形成稳定的螯合物后,毒性大大降低,因此可安全地用于人体。

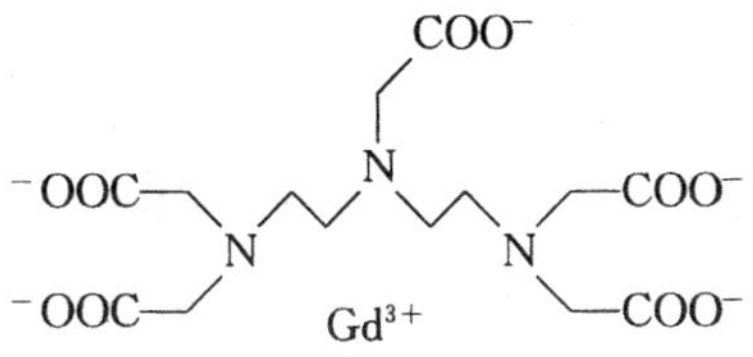

图 5-22　Gd-DTPA 的结构

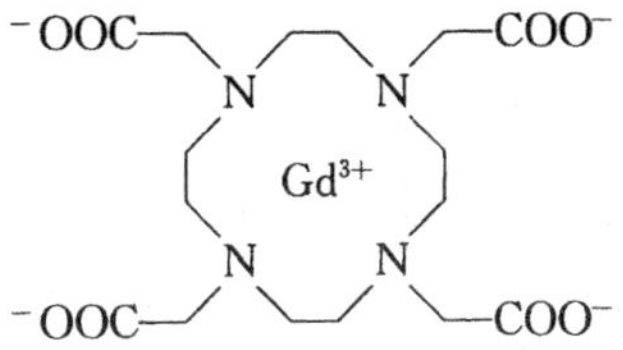

图 5-23　Gd-DoTA 的结构

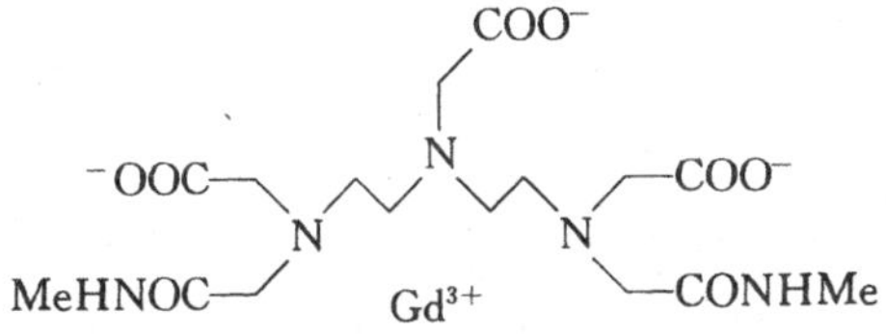

图 5-24　Gd-DTPA-BMA 的结构

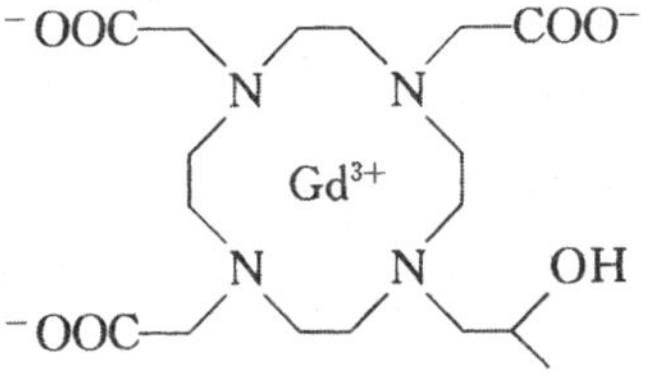

图 5-25　Gd-HP-DOTA 的结构

　　锰是人体必需的微量元素之一,具有较好的生物化学效应。顺磁性锰配合物目前已成为非 Gd 类造影剂新的发展方向。目前已有一种 Mn(Ⅱ)配合物 Mn-DPDP 作为肝脏特异性造影剂进入了临床使用。Fe(Ⅲ)的配合物主要有两种被用作造影剂进行研究,即 Fe-HBED(图 5-26)和 Fe-EHPG(图 5-27)。动物成像试验表明,Fe-EHPG(图 5-28)能显著增强肝脏部位的成像。

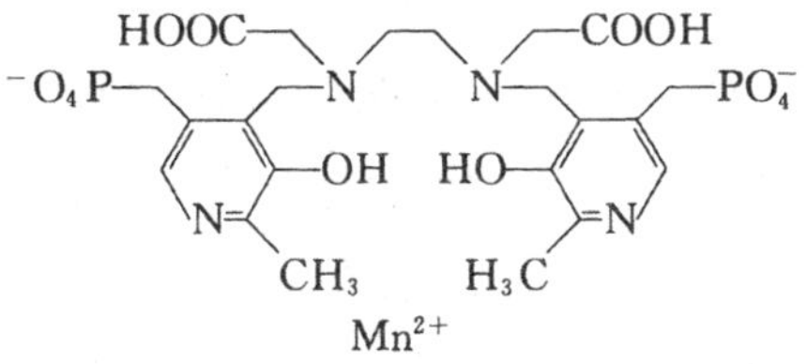

图 5-26　Mn-DPDP 的结构

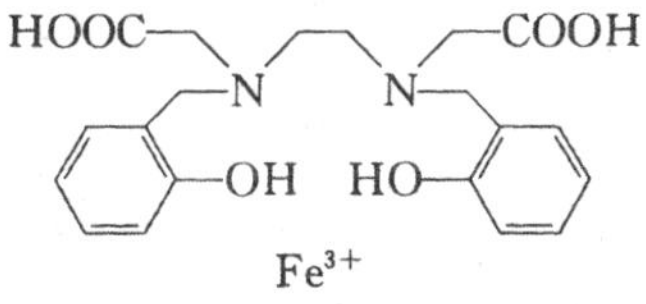

图 5-27　Fe-HBED 的结构

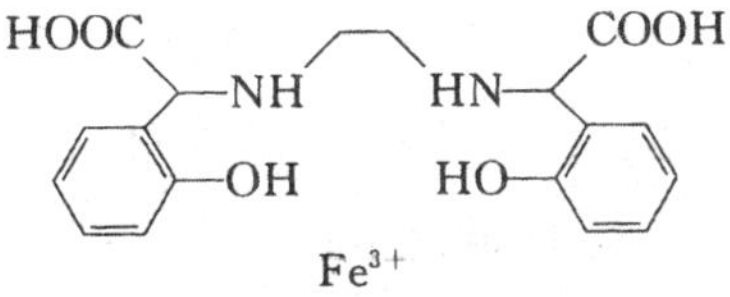

图 5-28　Fe-EHPG 的结构

5.3.3 与糖尿病有关的配合物

胰岛素的功能之一是调节糖类代谢,使一部分葡萄糖作为燃料得到利用,使另一部分转变为糖元加以储存,糖元是以 D-葡萄糖为单位的均一多糖,是动物体内储存糖类的主要形式,因此胰岛素能够调节血糖浓度,使血糖浓度降低,并维持在一定水平。有学者认为葡萄糖耐糖因子能增加胰岛素功能,耐糖因子中含有 Cr^{3+}、菸酸(吡啶甲酸)及谷甘胱肽配体,因而 $Cr(III)$ 的菸酸配合物如亲脂的 $[Cr^{3+}(pic)_3]$ (pic = 菸酸根)和多聚的菸酸根铬曾引起人们的兴趣,因为认为它们能影响控制胰岛素的代谢因子。另一些学者则对此尚存在异议,因此针对胰岛素影响的机理尚需进一步研究。但菸酸铬(III)配合物和铬酵母已作为营养补给剂而进入市场。

对依赖于胰岛素的糖尿病(I型)的患者,往往采取每天皮下注射胰岛素的方式进行治疗,这给患者带来许多不便。为此人们试图寻低毒高效的胰岛素模拟物,能采取口服的方式进行治疗。30 余年前,已发现 $V(IV)$(如 $VOSO_4$)和 $V(V)$(如 Na_3VO_4)能模拟胰岛素某些功能(如葡萄糖的吸收、氧化和合成),但由于口服时被吸收效果低,需大剂量用药,因此不适合作为药物。如果选用适当有机配体和钒生成的配合物,则可减降钒的毒性,增加药物的水溶性和亲脂性。双(2-甲基-3-羟基-4-吡喃酮)氧钒(IV)已被证实是一个很有潜力的胰岛素模拟物,含氧配体能增加化合物的溶解度,去质子的阴离子配体能与 VO^{2+} 形成中性配合物,从而具有很好的口服性,在体内的疗效比 $VOSO_4$ 高 3 倍。在固态该配合物为四方锥的构型,氧配体位于轴向。经研究证明,其他配位形式的氧钒配合物也具有似胰岛素活性,如双(吡啶甲酸根)氧钒(IV),$[VO(pic)_2]$ 是具有低毒的口服试剂。具有 $VO(S_4)$ 配位模式的化合物对调节血糖和自由脂肪酸十分有效,且具有口服活性。

参考文献

[1]刘伟生.配位化学.北京:化学工业出版社,2012

[2]罗勤慧等.配位化学.北京:科学出版社,2012

[3]杨晓琴等.现代配位化学及其应用.徐州:中国矿业大学出版社,2010

[4]刘又年,周建良.配位化学.北京:化学工业出版社,2012

[5]孙为银.配位化学.北京:化学工业出版社,2004

[6]王夔等.生物无机化学.北京:清华大学出版社,1988

[7]S. J. Lippard,J. M. Berg.生物无机化学原理.席振峰,姚光庆,项斯芬,任宏伟译.北京:北京大学出版社,2000

[8]龚钰秋.混合配体络合物化学.杭州:杭州大学出版社,1992

[9]申泮文.无机化学.北京:化学工业出版社,2002

[10]E. Frieden. J. Chem. Edu. ,1985,11,917~923

[11]徐如人,庞文琴.无机合成与制备化学.北京:高等教育出版社,2001

[12]Y. Watanabe. Curr. Opin. Chem. Biol. ,2002,6,208~216

[13]S. I. Ozaki,M. P. Roach,T. Matsui,Y. Watanabe. Acc. Chem. Res. ,2001,34,818~825

[14]戚冠发.金属有机化合物化学基础.长春:东北师范大学出版社,1986

[15]T. D. H. Bugg. Curr. Opin. Chem. Biol. ,2001,5,550~555

[16]M. Newcomb,P. H. Toy. Acc. Chem. Res. ,2000,33,449~455

第6章 超分子配合物及其应用

超分子化学是广义的配位化学,超分子化学的问世,超越了经典配位化学的成键模式,它的注入,扩大了配位化学的视野,为配位化学注入了活力。本章中,我们将在超分子化学成键理论的基础上研究主-客体配位化合物,并且对超分子的功能及合成方法进行探究,同时,简单分析超分子配合物的应用——超分子器件。

6.1 超分子化学概述

超分子这个概念在国内外各种文献中应用非常广泛,超分子的研究已在化学领域中引起了广泛的注意,超分子配合物的形成与非键作用关系十分密切。非键作用主要包括弱的静电作用、偶极作用、氢键、堆积、疏水作用、范德瓦尔斯作用等。这些作用对于分子的稳定存在、分子的性能往往有重大影响。

在配合物化学领域,超分子是最为广泛讨论的概念。1937年,Wolf 最早提出了超分子概念,超分子化学的概念与术语在1978 年引入,超分子是两个或两个以上的化学物种通过分子间作用力缔合在一起而形成的具有更高复杂性的有组织实体。超分子化学的基础是识别、配位以及自组装。由于超分子之间是通过分子间的作用结合起来的,因此超分子就存在多种作用力。使用超分子的概念扩大了配位化学研究的基础,对于深入理解诸如生命现象也有重要意义。

分子间的相互作用力和化学键之间有显著差别,但不能确定它们的界限。大多数分子的分子间作用能在 10kJ/mol 以下,比一般的共价键键能小 1～2 个数量级,作用范围约为 0.3～0.5nm,且有中程与远程相互作用力之分。分子间相互作用在一定条件下起加合和协同作用,形成有特定方向性和选择性的强作用力,成为超分子形成、分子识别和分子组装的主要作用力。在分子间作用力中,最重要的中程相互作用力是范德瓦尔斯力,其他的分子间作用力还有氢键、堆积作用力等几种形式。范德瓦尔斯力包括静电力、诱导力、色散力和交换力。带电荷基团间的静电作用,其作用能正比于互相作用基团间荷电的数量级,与基团电荷重心间的距离成反比,其本质和离子键相当。色散力来自瞬间多极矩之间的相互作用,诱导力来自永久多极矩和诱导多极矩之间的相互作用,静电力来自永久多极矩之间的相互作用。偶极子、诱导偶极子和高级电极矩间的相互作用也是是范德瓦尔斯作用力。静电力、诱导力只存在于极性分子中,色散力则不管是极性分子或非极性分子都存在。这些作用力不仅存在于分子间,而且还存在于同一分子内的不同原子或基团之间。堆积作用力包括 π-π 堆积,n-π 堆积,C-H⋯π 堆积,离子-π 作用和疏水相互作用。

在理解化学键的作用和分子间的作用时,离子半径、金属半径、共价半径和范德瓦尔斯半径是十分重要的判别依据。范德瓦尔斯半径比共价半径大,变动范围大。我国化学家胡盛志等对于范德瓦尔斯半径作了较为深入的研究,给出了所有金属的平均范德瓦尔斯半径值并与多套著名数据进行了比较,在应用中是十分重要的参考。表 6-1 给出了一些分子间作用力与距离的关系。

表 6-1 一些分子间作用力与距离的关系

作用力类型	与距离的关系	作用力类型	与距离的关系
荷电基团－静电作用力	$1/r$	偶极子－诱导偶极子	$1/r^6$
离子－偶极子	$1/r^2$	诱导偶极子－诱导偶极子	$1/r^6$
离子－诱导偶极子	$1/r^4$	非键斥力	$1/r^9 \sim 1/r^{12}$
偶极子－偶极子	$1/r^6$		

π···π 堆积作用是两个或多个平面型的芳香环平行地堆叠在一起产生的能量效应。最典型的是石墨层型分子间的堆叠,其中层间相隔距离为 3.35Å。在配合物中包含芳香环的配体间出现互相堆叠在一起的现象非常普遍,这种芳香堆积与芳香分子轨道同相叠加有关,给超分子配合物带来相当大的额外的稳定性,是配合物稳定存在的一种作用力[2]。不过影响芳香堆积的因素十分复杂。芳环-芳环或苯环-苯环相互作用的能量大约为 5~10kJ/mol。值得关注的是在光合作用中起作用的就是 π···π 堆积导致的,因此超分子配合物的研究是具有十分重要意义的。分子堆积靠分子间的相互作用来实现,自组装成超分子化合物,这种有特定方向与选择性的作用对于超分子的结构与性能产生影响。

氢键可以定义为一种 D-H···A 的作用,满足组成一个定域键、D-H 作为质子给体给予 A。对于氢键有距离限制,一般 H···A 的距离对于强的 O-H···O/N 氢键为 1.5~2.2Å,键角 D-H···A 为 140°~180°;对于弱的作用 C-H···O/N,H···A 的距离在 2.0~3.0Å,键角为 120°~180°。不过对于具体的判别标准。氢键在本质上是静电力,常被认为是一种特殊的范德瓦尔斯力。它常增加超分子的稳定性,具有方向性和饱和性,在超分子的形成和分子识别中具有重要意义。氢键作用是分子间最重要的强相互作用。如图 6-1 所示,一般将氢键归纳为四种基本型式。化合物中表现出来的多样的氢键网络基本都可以由上述四种型式组合获得,对于氢键的表示方法可以用图论来实现,即 $G_d^a(n)$,其中 G 表示氢键型式的类型,用 n 表示重复单元中的总原子数,d 表示给体原子数,a 表示受体原子数。如图 6-2 所示,就是用图论方法表示的氢键结构。

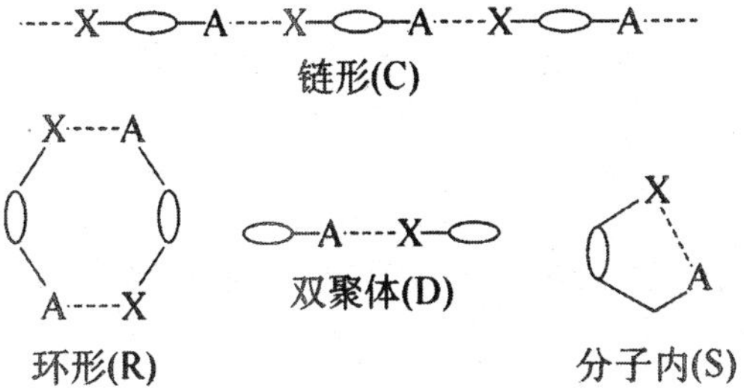

图 6-1　四种基本氢键型式

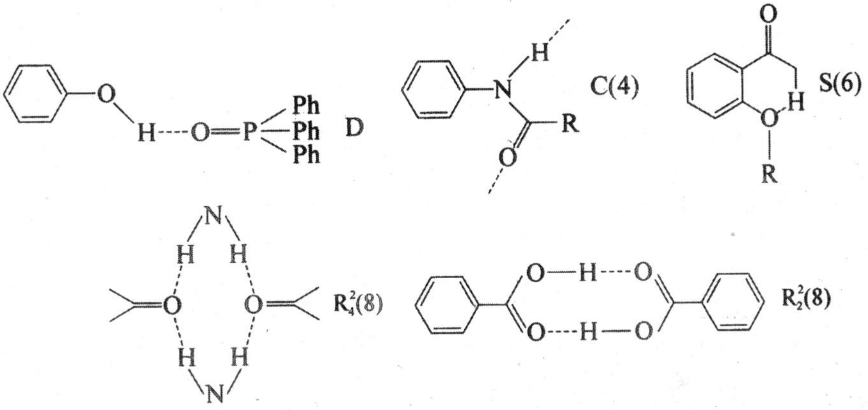

图 6-2　图论表示的氢键结构

在配位化学中讨论弱作用具有十分重要的设计意义，因为相比共价键，氢键、配键等更容易断裂，在配合物设计中针对相对较弱的作用位点进行修饰与裁剪，有可能获得特定结构与预定性能的配合物。目前对于分子间作用的研究有两种方法，即理论与实验。实验研究有光谱法、核磁共振法、单晶 X 射线衍射法、色谱法和生成热测定法等。理论计算法有量子化学方法和统计热力学等。

6.2　主-客体化合物

6.2.1　主-客体配合物的基本概念

1. 主体与客体的基本概念

超分子化学作为广义配位化学,它将配位化学中配合物的"中心原子(离子)"和"配体"2个主要组成部分的内容变得更宽,采用了2个更广义的专门术语:"主体"和"客体"。超分子的客体(对应于通常配合物中的中心原子和被受体)可以是无机、有机和生物中的各种阳离子、阴离子和中性分子;而能以一定强度和选择性与客体相结合的部分则是主体(对应于通常配合物中的配体)。大型和大型多环具有一定形状和大小分子内空腔,有的还带有支链和桥。支链和桥上的各种结构基团、配位基按一定的方式排布,是十分重要的超分子主体。当客体为阳离子(常见的有碱金属、碱土金属和过渡金属阳离子)时,主体则多为冠醚、穴醚、球醚、氮硫杂环、杂多环和环状抗生素等;阴离子作为客体时,主体大多带有正电荷基或缺电子基,如氨基或胍基,以便形成 $^+N-H\cdots X^-$ 键(X^- 为客体)。含有极性氢(如含有—NHCO、—COOH官能团)、缺电子中心(如硼、锡等)或配合物的中心金属离子等也可以作为阴离子的主体。常见的阴离子客体有卤素离子、叠氮阴离子、硝酸根、硫酸根、各种羧酸根、膦酸酯(如核苷酸、ATP 和 ADP)等[4]。

客体和主体的相互作用有累加性。虽然超分子中存在着弱相互作用,但由于客体和主体之间出现多种相互作用,因此客体和主体间仍可强有力地结合。一些既不是阴离子又不是阳离子的中性客体,能通过氢键和偶极－偶极相互作用与主体形成稳定的超分子。

2. 阳离子结合的主体

冠醚和穴醚不仅和金属阳离子以离子—偶极键或 Lewis 酸/碱相互作用,而且还和非金属铵离子以氢键作用形成几何构型互补。四面体结构的 NH_4^+ 与球形穴醚 a(图 6-3)形成 4 个 $N^+-H \cdots N$ 型的氢键,二者构型恰相匹配,该穴醚能识别四面体构型的 NH_4^+,这种识别称为四面体识别。氢键对铵离子的影响使其离解常数 pK_a 值增加约 6 个单位。烷基铵正离子(简称烷铵离子)和[18]冠-6 及其 C-骨架上有取代基的衍生物成键时,通过 3 个 $N^+-H \cdots O$ 氢键和离子-偶极相互作用,烷铵离子位于大环上顶部,如图 6-4 所示。

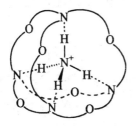

图 6-3　球形穴醚 a

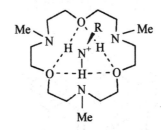

图 6-4　C-骨架上有取代基的衍生物 b

研究发现,键合自由能大小随烷基数目的增加而减小,其中铵与伯铵离子的差别最大,对冠醚,相差约为 $6.2kJ \cdot mol^{-1}$。$(Me)_3CNH_3^+$ 对冠醚 c(图 6-5)的键合自由能最小,这主要因为主体的两个甲基会对 $(Me)_3CNH_3^+$ 甲基产生空间位阻作用。$c \cdot (Me)_3CNH_3^+$ 的晶体结构表明,主体中甲基的空间位阻使环产生折叠结构,当 $(Me)_3CNH_3^+$ 进入主体时为了避免甲基的作用,客体只能位于环的一侧,减少了二者接触。

能配位阳离子的另一类大环主体是球醚,在球醚 d(图 6-6)和球醚 e(图 6-7)中给体原子是氧原子,OCH_3、OH、O^-

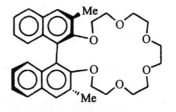

图 6-5　冠醚 c

是环内取代基,它们指向刚性环内部。冠醚和穴醚在溶液中是相对柔软的,而球醚属于刚性主体。球醚的给体原子在和金属离子配位前就强迫集中在球醚键合口袋的中心,在与金属离子配位时表现出强的键合能力和极好的选择性。球醚具有三维空间,其配位的氧原子在接纳金属离子前已被预先组织成八面体排列。在球醚 d 中,三个芳环朝上(在纸面外),另外三个朝下,使甲氧苯基的氧原子大致呈八面体的排列,这样造成苯环上的 p-甲基和甲氧苯基对溶剂提供了亲脂的表面。这种球醚能选择性的与 Li$^+$ 配位,是迄今对 Li$^+$ 最强的配位剂,从其他阳离子太大不能与其配位。球醚 e 有与球醚 d 相近大小的空腔,前者通过二甘醇基成对地连接在一起,限制苯环的移动使四个环朝下,两个环朝上。球醚具有比冠醚、穴醚更刚性的空间,对有机胺的配位能力差。

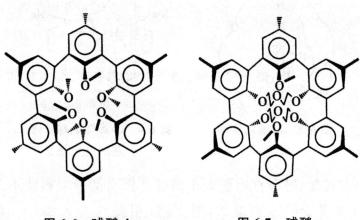

图 6-6   球醚 d   图 6-7   球醚 e

莰醚(又称开链冠醚)是类似于冠醚的非环化合物,是合成 DB18C6 中的另一副产品。因为莰醚形成配合物时与类似的冠醚相比有不利的焓变和熵变,所以其配合物比冠醚的稳定性小,但莰醚有更好的柔性,这是其优点。

3. 键合阴离子的主体

无机或有机阴离子作为客体,大环作为主体,二者通过氢键、静电引力以及酸碱引力形成一大类主-客体化合物,常称阴离子配位化合物。由此阴离子配位化学成为配位化学中一个新领域。

这里配位的概念和经典配位化学中的概念不同,在经典配位化学中阴离子作为配体,对金属离子提供电子对进行配位,在阴离子配位化学中,它作为客体对主体(受体)的配位,不涉及电子对的共享,不是经典的配位键,而是弱的成键作用。

阴离子,如 H_2PO_4、HSO_4^-、N_3^- 及 CH_3COO^- 等有 Lewis 碱和氢键受体的性质,它和带正电荷主体借助静电引力发生作用。含氮穴醚是阳离子主体,它们借助于桥头叔胺氮和桥键上的仲胺的 Lewis 碱性与金属离子配位。如果改变溶液 pH 就会使胺基质子化形成能键合阴离子的主体。

大环多胺 f(图 6-8)有可变的空腔,其尺寸依赖于键 $(CH_2)_n$ 的长度,变化链的长度可用以识别特定长度的 α,ω-羧酸根 $^-O_2C(CH_2)_mCO_2^-$(图 6-9),图 6-10 给出了质子化多胺和二羧酸根的配位。图 6-11 表示出了当羧酸阴离子长度 $m=3$ 或 5 时,它和大环多胺有最强的键合,二者在尺寸上匹配得最好。在图 6-11 中,黑方块:$n=7$,实圆:$n=10$。

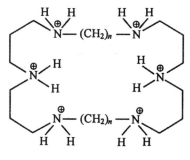

图 6-8　大环多胺 f

图 6-9　α,ω-羧酸根 $^-O_2C(CH_2)_mCO_2^-$

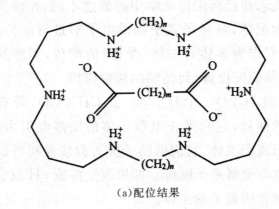

（a）配位结果

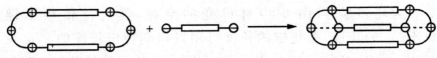

（b）配位过程

图 6-10　质子化环多胺和二羧酸根离子的长度识别

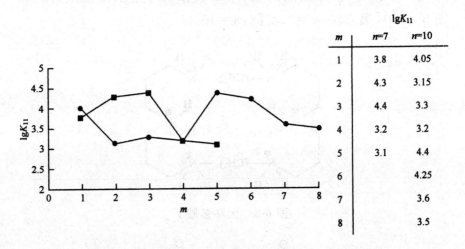

图 6-11　稳定常数 $\lg K_{11}$ 和二羧酸链长 m 的关系

	$\lg K_{11}$	
m	$n=7$	$n=10$
1	3.8	4.05
2	4.3	3.15
3	4.4	3.3
4	3.2	3.2
5	3.1	4.4
6		4.25
7		3.6
8		3.5

大环多胺 g、h、i（图 6-12、图 6-13、图 6-14）质子化后，能够键合过渡金属配阴离子，如 $[PdCl_4]^{2-}$、$[Fe(CN)_6]^{4-}$、$[Ru(CN)_6]^{4-}$、$[Fe(CN)_6]^{3-}$ 等，过渡金属和阴离子形成配合物，反过来配阴离子 $[Fe(CN)_6]^{3-}$ 等又键合质子化的环多胺，形成配合物的配合物，称为超配合物。在 $[Fe(CN)_6]^{3-}$ 的配位过程中，配阴离子形成超

配合物后,配阴离子的电化学和光化学性质均发生改变。阴离子配位化学概念被提出后,随着环境化学、生物化学、催化化学和分子器件的发展,受到广泛重视,近年来阴离子配位化学中阴离子受体的设计、合成和其传感性的研究尤其受到关注。因为许多有毒金属(As、Sb、Pb、Cr 等)往往以

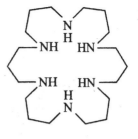

图 6-12　大环多胺 g

含氧阴离子形式存在,在水中有很大的溶解度,对人的危害很大。此外,在放射性疾病的治疗和核工业化学中必须控制 $^{188}ReO_4^-$ 和 $^{99}TcO_4^-$ 或其他放射阴离子的积累浓度。在催化过程中,自然界许多酶的客体都是阴离子,所以上述方法十分重要。

图 6-13　大环多胺 h　　　　　图 6-14　大环多胺 i

6.2.2　几种常见的主-客体配合物

1. 杯芳烃

杯芳烃是由 p-烷基酚和甲醛在一定条件下反应

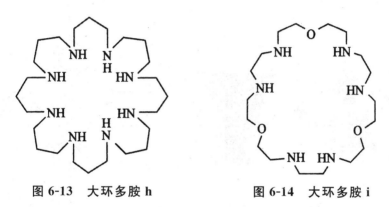

$n=4, 6, 8$

和

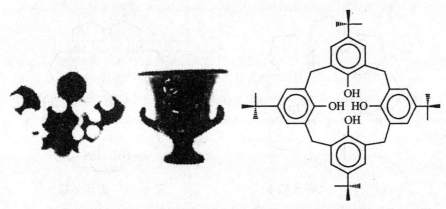

得到的一类环状聚合物。因为它们的分子形状（特别是四聚体）与希腊圣杯相似，而且又是多个苯环构成的芳香族分子，所以称为杯芳烃。在杯芳烃命名中，为了表示母体中苯酚基的数目，用一个方括号[n]插在"杯"和"芳烃"之间。例如，杯[4]芳烃表示是环的四聚体。图 6-15 是 p-叔丁基杯[4]芳烃的分子及其形状。

图 6-15　p-叔丁基杯[4]芳烃的分子及其杯状结构

这类化合物具有如下特点：

①杯芳烃为杯状结构，其杯上部是疏水的空腔，杯的底部有序地排列着多个可解离的酚基，使它不仅能包容中性分子，而且对金属离子或其他正离子有强的配位能力，集冠醚和环糊精两者之所长。

②与环糊精不同，它们是人工合成的主体，可以制得一系列空腔大小不同的环状化合物，以满足客体的需求。

③杯芳烃母体结构易于修饰。杯的下缘的酚基、上缘的苯环的对位和桥联两个苯环的亚甲基都可进行功能化，可以获得大量

具有独特性的杯芳烃衍生物。

④杯芳烃具有热稳定性和化学稳定性高的优点。

⑤易于合成,且原料价格低廉易得。

所以杯芳烃是合成各种类型主体分子的理想初始原料,可以作为构筑特定结构功能的大分子建筑模块,是作为设计键合特殊客体的受体部位的优良平台。在分析化学、传感技术、医学诊断、废水处理、酶的模拟、非线性光学材料的合成等方面,杯芳烃作为高专一性的配体,有广阔的应用前景,所以认为它是继冠醚、环糊精之后的第三代主体化合物。

杯芳烃上缘具有疏水特性,下缘有可离解的酚羟基,酚羟基相对于桥联亚甲基碳原子所确定平面的位置不同,具有不同的构象,杯芳烃 j(图 6-16)是其中一种,其结构灵活多变,且易于修饰,因此有包容中性分子、离子等特性[6]。杯芳烃与中性客体的包合物一般键合很弱,由于杯芳烃空间小,客体又缺乏明确键合位置,大多数中性分子不是在内部而是在环的多原子骨架上方。

例如,p-叔丁基杯[4]芳烃甲醚 k(图 6-17)与苯甲酸钠和等物质的量的水及三甲基铝反应,得到的包合物十分有趣,除 Na^+ 配位在杯芳烃的 4 个醚的氧原子外,在疏水腔中还含有苯甲酸钠和三甲基铝反应产生的甲苯,如图 6-18 所示,甲苯用甲基端插入腔中。杯芳烃既能作为阳离子主体又能作为中性分子主体。如图 6-19 所示,是 p-叔丁基杯[4]芳烃与 p-二甲苯形成的 2∶1 的包合物。其中二甲苯中的两个甲基分别包容在两个杯芳烃中。杯芳烃中的烷基或甲基与客体中的芳环距离十分靠近,两者产生 Me⋯π 的弱相互作用,进一步稳定了包合物结构。这类固态包合物的形成十分广泛,它是由带微弱正电荷的甲基碳原子和富π电子的芳烃产生 Me⋯π 的弱相互作用的结果。

杯芳烃的空腔相对说来较小,对中性客体来讲溶剂化效应的焓变对包合物形成的贡献不大,因此杯芳烃对中性分子在非水溶剂中键合很弱。最常见的是杯芳烃和金属离子以及其他正离子的键合。

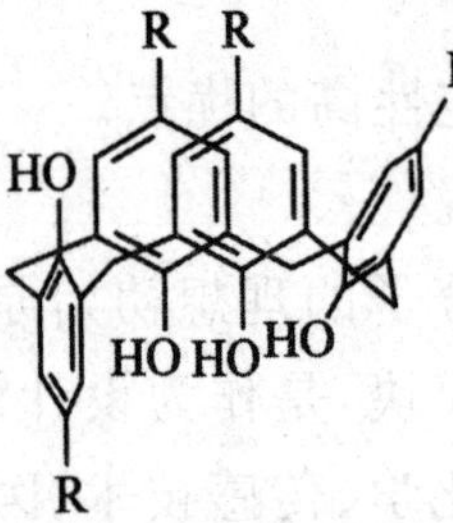

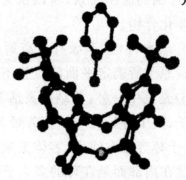

图 6-16　杯芳烃 j 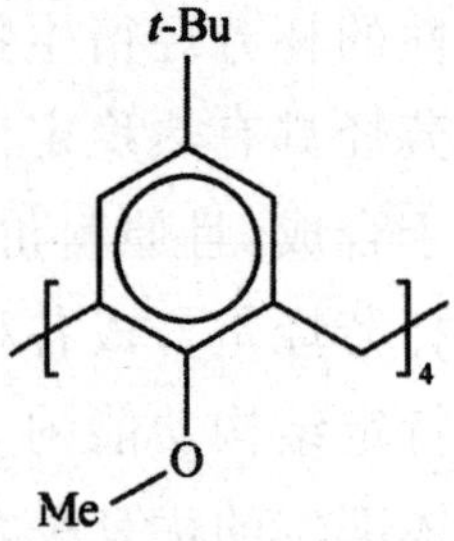　　　　图 6-17　*p*-叔丁基杯[4]

芳烃甲醚 k

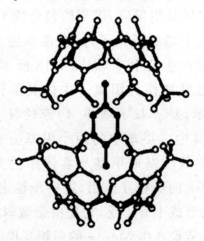

图 6-18　*p*-叔丁基杯[4]芳烃甲醚包容 Na$^+$ 和甲苯

图 6-19　*p*-叔丁基杯[4]芳烃与 *p*-二甲苯形成的 2∶1 的包合物

2. 环糊精和包合物

环糊精是典型的中性分子受体。它是一种环状低聚糖,是在淀粉酶的作用下分离得到的,已被广泛使用的环糊精有三种,它们是分别具有 6、7、8 个葡萄糖单位的 α-环糊精(α-CD)、β-环糊精(β-CD)和 γ-环糊精(γ-CD)。

如图 6-20(a)所示,是 β-CD 的化学结构。如图 6-20(b)所示,n 个葡萄糖基是通过 α-1,4 糖苷键连接组成一类类似平头漏斗状的结构,在具有 n 个葡萄糖基的分子中,漏斗的狭窄开口处称为初级面,连接着 n 个伯羟基,另一宽的开口处称为次级面,连接着 $2n$ 个仲羟基。由于葡萄糖单元的伯羟基可以自由旋转因而能部分封住小口,如图 6-20(c)所示,是 β-环糊精的结构解析。环糊精锥体中所有葡萄糖单元都保持原有的椅式构象,基本上没有变形,这种结构特点使其环糊精分子可进行修饰。其他环糊精有完全类似结构,只是空腔大小不同而已。环糊精空腔内部是非极性的,外部是极性的,所以内腔疏水,外腔亲水,使其能够包容小分子形成典型的主-客体化合物。众多芳香化合物的苯环和脂肪族化合物非极性的链烃都可进入环糊精的空腔中形成包容化合物,简称包合物。

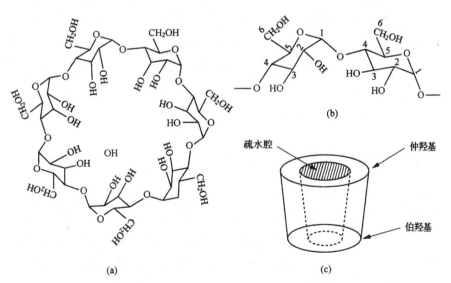

图 6-20　β-环糊精的化学结构(a)、糖苷键(b)及环糊精的解析结构(c)

主-客体间的结合可形象地比喻为"以手握乒乓球",手作为主体,客体(球)被包容在主体(手)中,手对球提供空间(或无力)

阻力,阻止球落下(离解),它们之间通常不存在原子间的化学结合,仅各自以适当结构互相匹配,由此包容化合物(简称包合物)的术语应运而生。这仅是十分简单的想象,实际上,包合物的内涵要复杂得多。

环糊精具有键合客体的疏水腔和羟基去质子化特性,在疏水空腔附近存在着反应活性的羟基具有亲核的功能,环糊精能催化许多生物反应和非生物反应。它常作为酶的模型和模拟物进行研究,具有许多优点:

①水是酶进行反应的介质,环糊精在生理 pH 条件下是水溶性的。

②它有确定的化学结构和与客体键合的明确模式。

③它既具有催化活性部分的羟基又有键合客体的疏水腔。

④和客体具有可逆的非共价结合,在反应过程中释放客体较天然酶慢,以利于研究。

⑤可根据需要对结构进行修饰,如手性环糊精在催化上具有对映体选择性。环糊精催化的一个典型反应是催化芳香酯和磷酸酯的水解,因此它具有酯酶活性。

环糊精是继冠醚、穴醚之后被研究的第二代主体,它是一类价格低廉较易得到的半天然产物,其化学性质稳定,在食品、化妆品、药物工业和分析化学上有广阔应用。

3. 囚醚和囚合物

囚醚是一种封闭的分子容器或称分子胶囊,它不具有明显的能够使分子自由进入或离去的孔,客体物种永远被囚禁在主体分子之内,除非构成主体分子的共价键断裂,囚醚囚禁客体,形成被囚禁的主-客体化合物,称为囚合物。另外一种闭合的分子容器,主体具有足够使客体分子出入的孔,有可测的活化能垒,对客体有一定的障碍,这种主体称为半囚醚。当客体存在时形成的化合物称为半囚合物。半囚醚在外部条件改变时,有响应的选择性键合和驱赶客体物种的能力,它的特殊之处在于能在主体腔中稳定反应物种,在腔内实现催化反应和药物发送,在分子器件中受到人们的关注。

Cram 等早在 1985 年就发现以间苯二酚杯[4]芳烃为基础的囚醚。它在高稀释条件下将两个碗形的苯二酚杯[4]芳烃的上缘用$-(CH_2)_2S-$偶联形成一拟球形空腔的胶囊。如果将其中 4 个桥联基减少到 3 个,得到低对称的开口类似物,即半囚醚(或半囚合物)。分别是以乙缩醛基[$-O(CH_2)O-$]为桥的半囚醚和半囚合物。另外一类诱人囚合物是通过金属桥联两个腔醚,这类囚合物有很好的热稳定性。

客体进入囚醚腔会引起客体性质的变化,如被囚禁的客体和外部溶剂交换速度等也随之而改变。客体和外部溶剂的交换速度用来表征囚醚与客体的交换键合情况,真正的囚合物,其客体与外部溶剂不发生交换。几小时甚至几天的客体交换是半囚醚的特性。如果主体和非常小的分子,则生成的化合物严格来说不是半囚合物,而称为包合物。主-客体的包合性质能通过[1]HNMR监测。由于形成主体腔壁的磁各向异性导致客体的 NMR 信号发生大的化学位移,通常向高场位移。当客体较深的贯穿于腔的底部,化学位移移向高场更为显著。通常,自由客体的化学位移和被俘获客体的化学位移之差为 2~4.5ppm,差值的大小依赖于客体贯穿于主体(囚醚)的程度。

半囚醚具有坚实而且很好屏蔽的空腔,已被用作微反应器。这种微反应器又弥为分子烧瓶或分子容器。它能接纳小分子物种,稳定反应中间,催化某些反应和保护产物免于分解,故而有着十分重要的应用。

6.3　超分子的功能与合成方法

6.3.1　超分子的功能

1. 分子识别

分子识别是指特定主体与客体的成键和选择作用,是超分子化学的一个基本概念。当金属离子为客体时,识别一词就意味着有机配体与金属离子配位过程的稳定性和选择性。这种由稳定性和选择性标志的识别作用决定于配体的几何构型和配体的结合基情况。大家熟知的环状聚醚、大双环聚醚、氮杂醚配体和相应的碱金属、碱土金属阳离子生成主客体配合物。由于客体是球形阳离子,因此它们对阳离子的识别作用又称为球形识别。识别中,阳离子和配体的分子内腔大小协同性起重要作用。识别性能良好的配体与过渡金属阳离子结合时,应按过渡金属配位要求(如四面体、平面正方形、八面体、棱柱等各种不同的形状)显示出很高的选择性和稳定性。

客体是金属阳离子的分子识别是研究得较多的一类。主体和客体具有互补性,3 个穴状配体[2,1,1]、[2,2,1]和[2,2,2]对碱金属阳离子 Li^+, Na^+, K^+ 的选择性识别主要决定于球形阳离子和腔径大小。客体为过渡金属、重金属时,分子识别的研究不仅有理论意义,而且在医学、解毒方面有重要意义。Ca(Ⅱ),Pb(Ⅱ),Cu(Ⅱ)都是二价阳离子,在室温,离子强度为 0.1 时,配体 THP-12-aneN$_4$ 如图 6-21 所示。

对 Cu(Ⅱ)有最好的选择性(生成常数 $\lg K_1 = 29.48$),其次是 Pb(Ⅱ)($\lg K_1 = 15.07$),而 Ca(Ⅱ)的 $\lg K_1$ 仅为 5.68。

非金属阳离子基团作为客体的分子识别作用,如 NH_4^+ 和许多 NH_4^+ 衍生物通过氢键与主体生成的超分子化合物是研究得比较多的。NH_4^+ 周围有 4 个氢原子,所以要求对应的主体分子的结构应具有四面体识别能力。如图 6-22 所示,穴状配体中含有 4 个氮原子和 6 个氧原子结合基,与客体 NH_4^+ 结合具有很高的结构协同性,生成了极为稳定和选择性很强的穴合物。

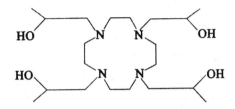

图 6-21　THP-12-aneN₄ 配体结构图

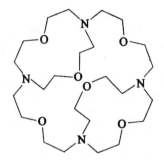

图 6-22　穴状配体结构基

由于 NH_4^+ 中的氢和主体中的氮形成了有效的氢键,生成的 NH_4^+ 穴合物的 pK_a 比自由的 NH_4^+ 高出 6 个单位。充分证明,客体由于其与主体之间的识别与强结合作用而明显地影响其性质。

阴离子客体要求相应的主体带有正电荷结合基,不同形状的客体要求不同形状主体相匹配。例如,如图 6-23 所示的化合物有二个椭圆的分子内腔,当它的 6 个氮原子被质子化后,线形阴离子客体 N_3^- 从大小到形状、电荷均能满足它的要求,因此相当牢固地结合在主体中。上面讨论阳离子客体识别时,谈到了金属阳离子(包括碱金属和过渡金属阳离子)和非金属阳离子基团分别和各自的主体作用,而有些主体可以通过特殊的客体结合单元同时结合金属阳离子和非金属阳离子基团生成混合客体超分子配合物。

卟啉和 α,α'-联吡啶基可以作为金属阳离子结合基,如图 6-24 所示,当把它们接到大环上,而后者又含有结合 NH_4^+ 的单元时,所得到的新主体就可以同时接受金属客体和非金属基团客体。

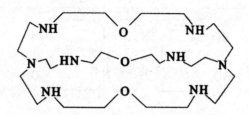

图 6-23　阴离子客体结合基图

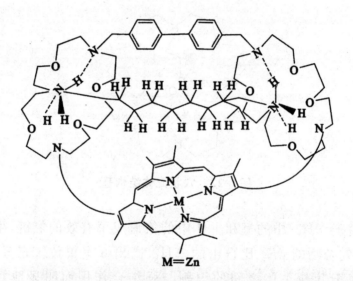

M=Zn

图 6-24　金属阳离子和非金属阳离子基团同时作为客体的超分子

　　分子识别有着十分丰富的内容,除上述各种各样的阳离子、中性分子、阴离子客体分子识别外,还有其受体分子和多重识别。在同一个共受体大而多的环结构中,有几个独立的亚单元,可以分别协同配位几个客体或协同配位一个有几个配位点的客体。

　　有些共受体由于结构上的不对称性,同一个主体中形成不同性质的结合单元。上面提到的能同时和金属、有机基团生成混合客体超分子的主体也是一类特殊的共受体。

2. 转换和易位及催化

受体一般具有光活性、氧化还原活性、酸—碱活性等特点，当客体与合适受体结合时，产生相互作用，当受外界光、电和化学刺激时，可能引起光、电、酸—碱性质的改变，导致光子、电子、质子的释放或俘获，诱导出新信号，信号可以光、电形式检测，完成电、光等功能转换，成为构筑超分子器件的基础。例如，由联吡啶组成的穴醚与 Eu(Ⅲ)形成的穴合物 l(图 6-25)有光转换功能，能增强 Eu(Ⅲ)对紫外光的吸收，并转换成荧光进行发射。如果它们的性质在两个或多个不同状态间转换，这构成了光、电传感器或分子开关、分子导线、分子机器、计算机逻辑门的基础。以上信号产生、处理、传递、转换以及检测与化学密切相关，研究的对象即信息化学，超分子化学最深远的贡献即在化学中引入分子信息的概念，并在化学体系中实现，使来源于生物科学中"锁和钥匙"的互补关系朝着电子和通信时代信息化方向发展。

图 6-25　穴醚与 Eu(Ⅲ)形成的穴合物 l

水溶性亲脂受体能作为载体，运载客体使客体发生易位，如冠醚能运载 K^+ 穿透类脂膜。溶液的 pH、外施的电压以及客体金属的氧化态改变都能推动载体对客体的传输。酶对客体的作用，恰似催化剂的作用，通过超分子生成的催化反应会降低反应活化能，增加反应速率和选择性。

6.3.2　超分子的合成方法

超分子的合成在方法上有其特殊性，一般来说有下列两种方法,即以金属离子作为模板和高度稀释法。

1. 模板效应

二苯并[18]冠-6 的合成诞生了现代的超分子化学。在反应

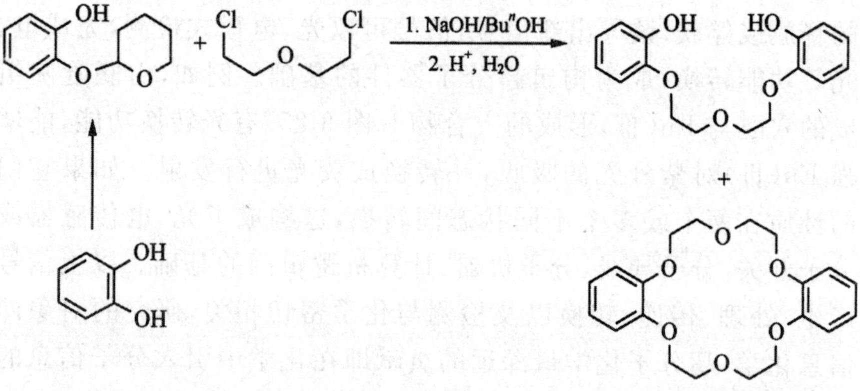

二苯并[18]冠-6

中,若反应条件不适当,就可能生成聚合物。这个新奇的环状化合物就不能得到。大环多醚能够轻易得到,并不是因为它在热力学上更为稳定,而是选择了 K_2CO_3 作为碱。如果将 K_2CO_3 改成了有机碱如三乙基胺(NEt_3)进行反应,则发现生成的产物主要是多聚物。这两类碱主要区别在于 K^+ 能够组织反应物在它的周围,并且形成一环状中间体,如图 6-26 所示,反应物与 K^+ 配位,通过螯合效应稳定了中间体,并使－OH 和－Cl 基互相邻近,预组织成结构所需的大环化合物。有机碱不能形成这样的中间体,只能采取分子间聚合路径,而不是分子内的成环路径。在此反应中,大环化合物的合成,借助于 K^+ 作为模板而得以实现。许多大环化合物的合成也有类似的情况,即金属离子要求反应基团在它的周围按一定的空间位置成环,金属离子在反应中作为模板,进行生成金属离子构型要求的模型,当除去金属离子后,新生配体仍保持原有构型。这种效应称为"模板效应"。模板效应又分为动力学模板效应和热力学模板效应,对合成二苯并[18]冠-6,严格地说,称为"动力学模板效应"。金属离子在此反应中既增加了

环状中间体的稳定性,又大大地提高大环化合物形成的速率,具有催化作用,因此这个大环是一个动力学产物。

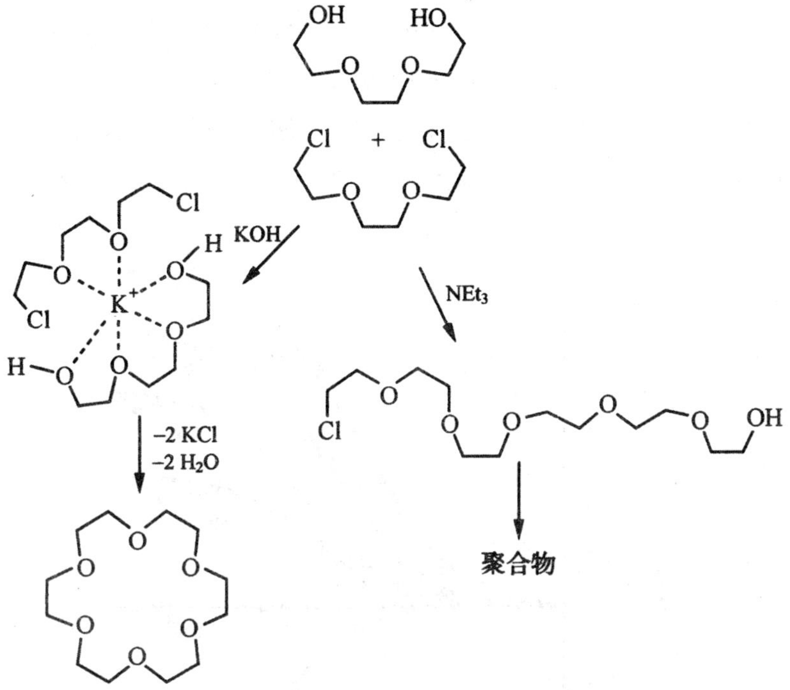

图 6-26　合成 18C6 两种可能的路径(环化和聚合反应)

根据反应式

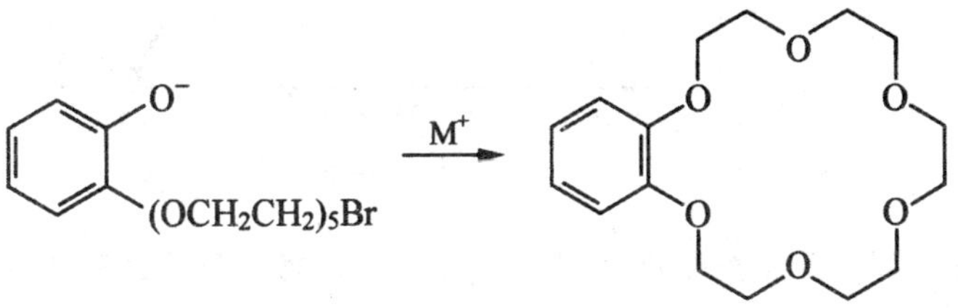

用不同阳离子作为模板合成苯并[18]冠-6,将其表观速率常数 k_{obs} 与模板阳离子浓度的关系如图 6-27 所示。由图 6-27 可知,除 Li$^+$ 外,反应速率随阳离子浓度增加而增加。半径小的 Li$^+$ 和酚氧离子形成强的离子对,阻止了成环,K$^+$ 与苯并[18]冠-6 的空腔大小能很好地匹配,有利于成环,所以有最高的反应速率。

　　动力学模板效应和热力学模板效应的差别是,动力学模板效应涉及配体真实地围绕在金属离子中心的中间体的反应速率,而热力学模板效应涉及金属离子从反应平衡混合物中挑选反应配体的能力,这样驱动平衡到产物一边。这种改变了热力学平衡,稳定了中间体的效应称为热力学模板效应。

　　模板效应普遍的用来合成冠醚、穴醚、索烃、分子结等主体,碱金属、碱土金属、过渡金属及镧系离子都具有模板性质。

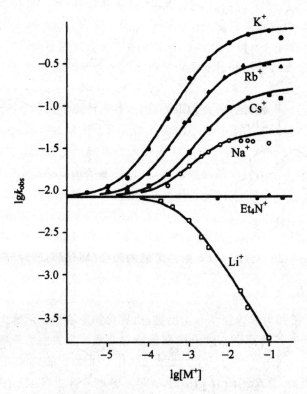

图 6-27　金属离子浓度对合成苯并[18]冠-6反应速率的影响

2. 高稀度效应

　　在超分子配合物的合成过程中,如果没有适当的模板时,大环合成十分困难,常采用在高稀度的溶液中合成。即意味着在小量反应剂的条件下,采用大体积的溶剂。通常在实验时反应剂分别在搅拌下,由两个滴液漏斗中以极慢的速度加入。在高稀度下,环化产物在 1 个分子内以碰尾的方式形成,因此环化反应速率比两个分开的反应剂之间碰撞形成分子间的聚合反应更快,如图 6-28 所示。如果反应剂 X-Y 的环化速率为 v_p,聚合速率为 v_c,则 v_c 与 v_p 分别和环化和聚合反应速率常数 k_c 和 k_p 有如下关系

$$v_c = k_c[\text{X-Y}] , v_p = k_p[\text{X-Y}]^2$$

$$v_c / v_p = k_c[\text{X-Y}] / k_p[\text{X-Y}]^2 = k_c / k_p[\text{X-Y}]$$

即 v_c / v_p 的值随反应剂浓度[X-Y]的增加而减小,即在稀溶液中环化反应速率增加。如果在一定条件下,反应速率大于试剂的加入速率,则反应剂在溶液中的浓度将会是很小。高稀度合成已被用于若干大环、大二环(或穴醚)的合成,特别是胺和酰氯的反应

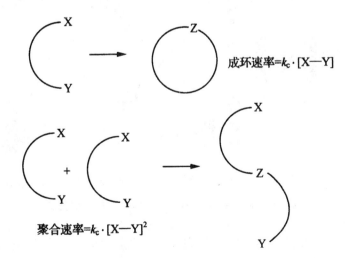

由于氯的吸电子效应和羰基共振稳定化效应,使反应进行得较为迅速,所以该反应在高稀度下用于简单杂氮冠醚的合成。

成环速率 $=k_c \cdot [\text{X—Y}]$

聚合速率 $=k_c \cdot [\text{X—Y}]^2$

图 6-28　大环的合成路径

6.4　重要配位超分子

6.4.1　螺旋形分子

　　许多螺旋化合物存在于自然界中,著名的例子是 DNA 的双螺旋结构,自然界 DNA 螺旋结构的自组装,对人工合成双螺旋结构起了显著的推动作用。在有机化学中单螺旋化合物较为普遍,而双螺旋和三螺旋结构在化学领域中却相对较少。直到采用了过渡金属作模板合成螺旋化合物的方法问世后,它们的研究才得到很大的发展。如图 6-29 所示,按照配合物的配位方式,配体(b)有 3 种方式配位到 4 配位的金属中心上,它们可能形成单核 1∶1 的平面正方形螯合物、双核非螺旋 2∶2 配合物、双螺旋 2∶2 配合物,后者通常金属离子具有四面体几何构型。如果金属的配位数为 6,而 3 条螺旋配体又能与金属离子匹配,二者之间以非共价结合,就有可能生成三螺旋配合物。

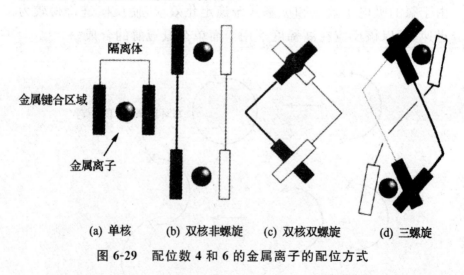

金属键合区域

隔离体

金属离子

(a) 单核　　(b) 双核非螺旋　　(c) 双核双螺旋　　(d) 三螺旋

图 6-29　配位数 4 和 6 的金属离子的配位方式

　　如图 6-30 所示,在螺旋形的超分子中,两个或多个离子位于螺旋轴上,由一条或多条含有多组配位原子的多齿配体,折叠地缠绕着螺旋轴,每组配位原子用隔离体隔开,以螯合的方式分别配位于不同金属离子,形成不同的键合领域。金属螺旋形分子命名为螺旋形配合物,简称为螺合物,相应的配体俗称为螺状体。

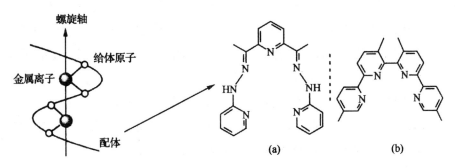

图 6-30　配体生成的螺旋结构示意图

如图 6-31 所示,配体螺旋似的围绕螺旋轴旋转,可以是逆时针方向,称为右手螺旋以 P 表示,也可是顺时针时间方向旋转,称为左手螺旋,以 M 表示。螺合物是含多金属由两条配体、三条配体或四条配体组成螺旋形的配合物。螺合物可以是饱和的,在此金属离子的配位数被键合领域中配位原子所饱和,相反,金属离子若没有被饱和,需要辅助配体来满足其空间要求。

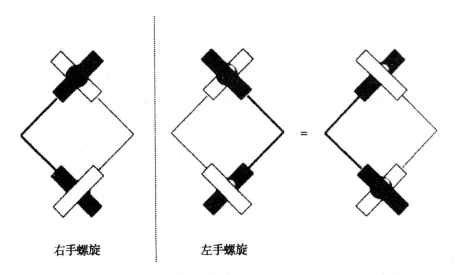

图 6-31　双螺旋配合物的手性

6.4.2 轮烷、索烃和分子结

轮烷是一类具有哑铃形的分子,两组分间借助机械力连接而不是共价键连接,即用 1 个线性分子作为棒穿入通过大环,棒的末端连以大的基团形成哑铃状,由于基团有大的体积,好似塞子,不能通过大环。如果轮烷线性分子末端不连有大的基团,好似 1 个环和插入环中心的棒组成,它们之间没有物理壁垒,棒能够滑出,这类轮烷称为准轮烷。准轮烷和轮烷的命名和索烃相似,即将组分数目置于化合物名称前,如图 6-32 所示。

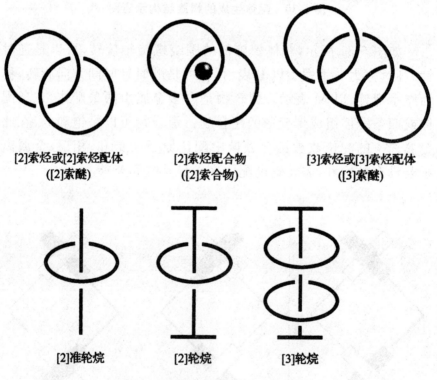

图 6-32 索烃、轮烷、准轮烷的命名

索烃是由一个或多个环被机械力连锁起来,形成环套环的化合物,在两个环之间不存在化学相互作用,通常情况下,如果不破坏环的化学键,就不能将环分开。如图 6-32 所示,索烃的命名是将连锁环的数目放在括号中,置于化合物名称之前,如[2]索烃,即包含 2 个连锁环。奥林匹克环 m(图 6-33)即是[5]索烃。在英文命名中索烃被看成有机碎片(虽然它不是完全由碳氢部分组成)。

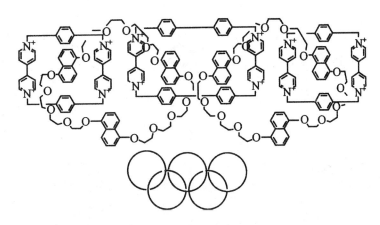

图 6-33　奥林匹克环 m

分子结可看作单股绳上下通过自身绕曲而形成的环,分子结的命名是根据绳穿过的次数。典型的三叶结分子如图 6-34 和图 6-35(b)所示。

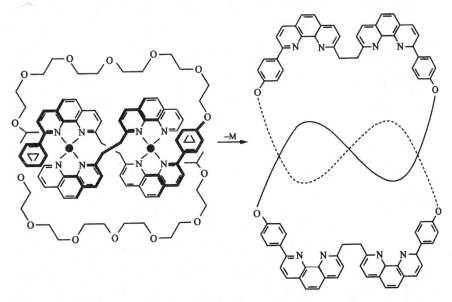

图 6-34　以菲咯啉为基础的三叶结

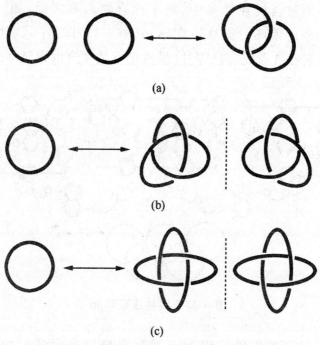

图 6-35　拓扑学异构索烃和大环互为拓扑
异构（a）、三叶结（b）、索烃（c）

　　从索烃的化学组成来看,等同于两个分离组分的大环,但索烃是一个组分穿入另一个组分所得到的聚集体,这在物理化学性质上产生重要的影响,形成的连锁环和分离环之间被看成一种拓扑异构现象,这种异构现象和传统的异构现象如顺、反异构,面式、经式异构不同。索烃分子是它的分离环的拓扑异构体,如图6-35所示,其拓扑结构的产生来自二维平面结构的交叉点的数目和类型。例如,我们将[2]索烃的平面图画在纸上,从图中能找出两个交叉点,而两个分离的环就没有交叉点,准轮烷和轮烷不存在其组分的拓扑异构体。拓扑异构体的存在也意味着有拓扑对映体。图6-35(c)给出了[2]索烃的两个互为镜像的拓扑对映体,它们具有手性。拓扑分子和真实分子不同,在拓扑分子中现有组分只要不破裂,就可以无限地扩展和延伸。图6-35(b)左边是三叶草的分子结,它对应的大环没有对映体,而三叶结是有手性的,有两个镜像。这一类相互连接的分子,又称为连锁分子。

6.5　超分子器件

6.5.1　分子开关

所谓分子开关就是具有双稳态的量子化体系。当外界光、电、热、磁、酸碱度等条件发生变化时,分子的形状、化学键的断裂或者生成、振动以及旋转等性质会随之变化。通过这些几何和化学的变化,能实现信息传输的开关功能。分子开关的触发条件有能量和电子转移、质子转移、构相变化、酸碱反应、氧化还原反应、光致变色和超分子自组装等。人工合成的分子开关主要有金属超分子配合物体系以及纯有机轮烷、索烃体系等。

1. 有机配体光致异构化的配位分子开关

有机配体的构型异构主要是一些含有 C=C,N=N 等双键的有机化合物,通过光照或温变条件下进行异构体之间的互变,从而实现对金属有机配合物分子开关的操控。同时金属离子与配体的配位作用可以使有机功能配体在配位前后产生两种特性,有可能使有机配体产生"开"和"关"的两种状态。其中冠醚类化合物具有双亲性能,将它与发光团连接成的化合物就是一类阳离子光分子开关。近年来以冠醚为功能团的阳离子配位化合物分子开关,可以利用阳离子的配位作用,也可以利用氧化还原或质子化来实现。如图 6-36 所示,含有 C=C 双键的共轭芳香化合物通过光的作用实现结构的互变,完成"开-关"过程,化合物 2 与 3 是通过配位作用和光致异构作用实现分子开关的操控。

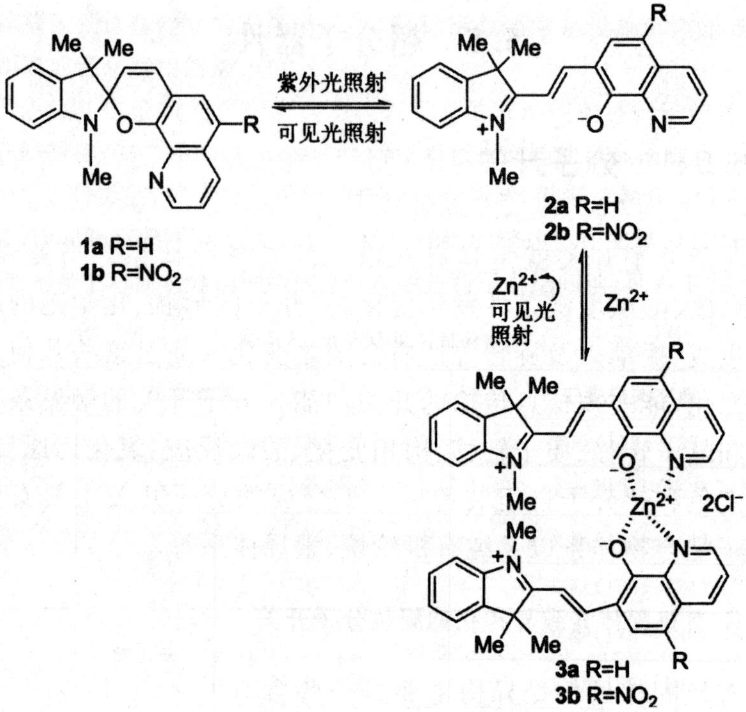

紫外光照射
可见光照射
1a R=H
1b R=NO2
2a R=H
2b R=NO2
Zn2+
可见光
照射
Zn2+
2Cl−
3a R=H
3b R=NO2

图 6-36　有机光致异构体和配位作用驱动的分子开关

2. 光驱动的金属超分子配合物体系

如图 6-37 所示，由超分子化学之父莱恩设计的联吡啶构成的穴醚与 Eu(Ⅲ)形成的穴合物有光转换功能，能增强 Eu(Ⅲ)对紫外光的吸收，并转换成荧光进行发射。Eu(Ⅲ)和 Tb(Ⅲ)的穴合物的能量转换功能为在水溶液中发展具有长发射和长寿命的分子器件开辟了道路。

hν
A
ET
E
hν'

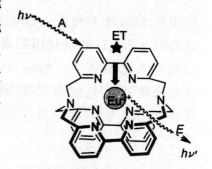

图 6-37　Eu(Ⅲ)的穴合物分子开关示意

3. 氧化还原驱动的金属超分子配合物体系

法国化学家 Sauvage 等人利用过渡金属离子铜（Ⅰ）或铜（Ⅱ）生成索烃后，两者对空间的要求十分不同，这一特点提供了分子内部各组分相对运动的推动力。如图 6-38 中，由两个不对称大环组成索烃。在初始状态时，Cu（Ⅰ）和两个环的菲啰啉基团构成配位数为 4 的四面体构型，如果用电化学方法将 Cu（Ⅰ）氧化为 Cu（Ⅱ），可通过环的旋转形成配位数为 5 的四方锥，为 Cu（Ⅱ）最稳定的构型，故转化反应是定量的，环的旋转易被可见光谱跟踪[5]。

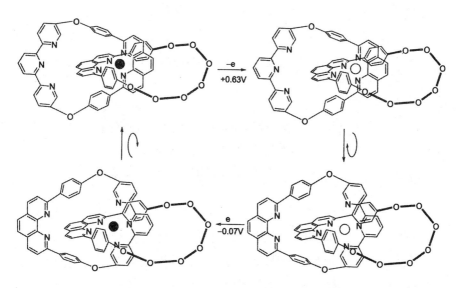

图 6-38　电化学诱导铜索烃的构型变化

6.5.2　分子插头和插口

分子插头和插口是借助电子转移或能量转移构筑成的超分子器件。现在首先介绍由非共价力连接的给体和受体作为部件组成的超分子物种，它们具有能够调节部件间的相互作用的能力，将部件拆卸和重新组装，由此引起断开或接通部件间的能量（或电子）转移。由这两部件组装的超分子体系犹如宏观电子器

件的插头和插口,它们有如下特征:

①两部件能可逆地拆卸和连接。

②当部件连接时,有电子或能量从插口到插头通过,如图 6-39(a)所示。

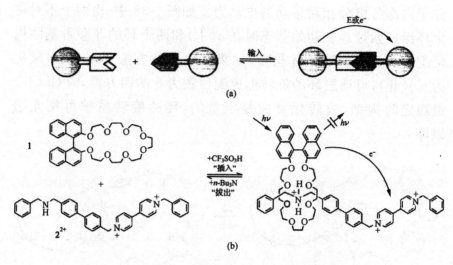

图 6-39　插头/插口图示(a)、由酸/碱控制的
电子转移(b)以及控制的能量转移
(c)引起分子部件的插头插入和拔出

例如,借助铵离子和冠醚间的氢键作用对构筑这种器件特别有利,因为它可以借助酸碱输入迅速并可逆地实现开关过程。如图 6-39(b)所示,是插头的插入功能。该过程被强氢键所驱动。即在非极性溶剂中加入酸使带 2 个正电荷的线形分子 2^{2+} 中的氨基质子化形成烷基铵离子,它和冠醚氧原子借助于氢键 N^+-H-O 的作用穿入(±)—联萘基冠醚 1 中,形成准轮烷结构。当用光照射此结构醚环上的联萘基时,电子从联萘基到联吡啶单元,引起典型荧光基团——联萘基的荧光猝灭。当在此非极性溶液中加入化学计量的碱($n-Bu_4N$),使铵离子去质子化,引起联萘基荧光恢复,好像插头从准轮烷结构的插口中拔出。

另一个插头/插口体系涉及能量转移过程,如图 6-39(c)所示,含有等物质的量的联萘基冠醚 3 和甲基—蒽甲基胺 4 的

CH_2Cl_2 溶液,它分别显示出化合物 3 和 4 的吸收光谱及萘和蒽基的荧光光谱,这说明两组分间没有任何干扰,当加入等量的酸,引起溶液荧光性质发生显著改变。从实验观察到化合物 3 的荧光光谱被猝灭;化合物 4 被质子化后,形成烷铵离子,加强了荧光。这现象和准轮烷的形成一致,当准轮烷形成时,由于冠醚吸收光通过能量从冠醚的联萘基转移到和烷铵离子相结合的蒽基上,后者受到激发被敏化而加强了荧光,当加入化学计量的碱,准轮烷被拆卸开,阻止了光能的通过,初始的吸收光谱和荧光光谱得到恢复。有趣的是在插头组件和插口的大小不匹配时,插入过程就不会发生。

6.5.3　荧光分子传感器

分子传感器是在分子水平上把化学信息转变为分析上有用信号的器件。它所处理的化学信息的浓度范围很广,包括特定样品中某些成分的浓度到整个组分的浓度。在多数情况下,经典分析方法需要对样品进行富集、转移等复杂的预处理,有时需要昂贵的仪器,使用以上传感器,不受这种限制,如果对传感器结构等进行合理的设计,就可在理想时间和地点对浓度进行现场分析。因此,化学传感器在许多领域中有广阔的应用。因此发展传感器的研究是科学界的当务之急。化学传感器如图 6-40 所示,它由信号单元、隔离体和接受体三部分组成。接受体有冠醚、穴醚或能与金属离子键合的其他配体。接受体有识别被分析对象(底物、客体)并吸引它到与之键合接受体中的功能。信号单元按信息(识别事态)转变成可检测信号。当接受体对客体从其他共存客体中选择性键合时,接受体与信号单元联络,使它产生信号以响应客体的键合,信号以电磁辐射(光敏感)、电流(电化学敏感)的形式发射进行检测,此外,还可以从外表改变直接进行检测,如颜色或 pH。隔离体在接受体和信号单元间起着联系和传递信号的作用。由键合事态启动生成主-客体化合物。主-客体合物性质与自由客体或接受体的性质比较发生本质上改变,这种改变导致信号产生。

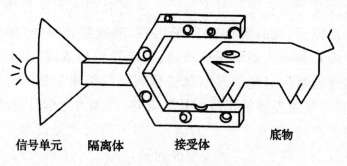

信号单元　　隔离体　　　　接受体　　　　底物

图 6-40　化学传感器示意图

以荧光为基础的传感器尤引人注目,因为测量荧光灵敏度高,以至在特定条件下单个分子也可检测,样品不必破坏,仪器价格低、易操作,在许多情况下荧光团的光物理性可以进行调控。如引入质子、能量和调控电子转移等,这些都为设计有效的传感器提供了可能性。荧光传感器由发色团作信号单元,冠醚、穴醚、杯芳烃和环糊精等作接受体,组成的分子传感器用于对阳离子、阴离子和中性分子的检测。

参考文献

[1]Lindey J S. Self-assembly in synthetic to molecular devices, biological principles and chemical perspectives:areview, New J. Chem. ,1991,15:153

[2]朱龙观. 高等配位化学. 上海:华东理工大学出版社,2009

[3]Robert F S. How far can we push chemical self-assembly? Science,2005,309:95

[4]杨晓琴等. 现代配位化学及其应用. 徐州:中国矿业大学出版社,2010

[5]刘伟生. 配位化学. 北京:化学工业出版社,2012

[6]罗勤慧等. 配位化学. 北京:科学出版社,2012

[7]Steed J W,Atwood J L. Supramolecular Chemistry. New

York：John Wiley&Sons，2000，赵跃鹏，孙震译. 北京：化学工业出版社，2006

[8]罗勤慧. 大环化学——主客体化合物和超分子. 北京：科学出版社，2009

[9]Vriezema J M，Aragones M C，Elemans J A A，et al. Self-assembled nanoreactors. Cham. Rev. ，2005，105：1445

[10]孙小强，孟启，阎海波. 超分子化学导论. 北京：中国石化出版社，1997